南怀瑾讲人生哲理

徐海洋/著

插图：王玞玥·常桂芝

图解导读版

中华工商联合出版社

图书在版编目(CIP)数据

南怀瑾讲人生哲理：图解导读版 / 徐海洋著. --

北京：中华工商联合出版社，2020.2

ISBN 978-7-5158-2641-7

Ⅰ.①南… Ⅱ.①徐… Ⅲ.①人生哲学－通俗读物

Ⅳ.①B821-49

中国版本图书馆CIP数据核字 (2020) 第 010043 号

南怀瑾讲人生哲理：图解导读版

作　　者：徐海洋	
插　　图：王玞玥　常桂芝	
责任编辑：肖　宇　袁一鸣	
封面设计：周　源	
版式设计：三河市水日方图文设计中心	
责任审读：李　征	
责任印制：迈致红	
出版发行：中华工商联合出版社有限责任公司	
印　　刷：唐山富达印务有限公司	
版　　次：2020年6月第1版	
印　　次：2022年2月第3次印刷	
开　　本：710mm×1020mm　1/16	
字　　数：200千字	
印　　张：18.75	
书　　号：ISBN 978-7-5158-2641-7	
定　　价：45.00元	

服务热线：010-58301130

销售热线：010-58302813

地址邮编：北京市西城区西环广场A座

　　　　　19-20层，100044

http://www.chgslcbs.cn

E-mail: cicap1202@sina.com(营销中心)

E-mail: gslzbs@sina.com(总编室)

序

***

在国学热潮席卷而来，孔子、老子、庄子成为热点人物的今天，有一个人的观点在众多解读中为读者所追捧。人们习惯称他为"居士"，也有人喜欢尊他为"教授"，然而更多的人敬他为"大师"。人们希望通过他的指引，找到解读中国传统文化的捷径。他就是南怀瑾。他是"国学大师"，是"禅宗大师"，是宗教家、哲学家，也是温暖人生的最佳顾问。

南怀瑾少时习武，曾去四川、西藏等地拜师学艺，路遇各种奇人异士。后弃拳学禅，于峨眉山闭关三年，研读佛家藏典。其代表作品有《论语别裁》、《孟子旁通》、《原本大学微言》、《易经杂说》等。

南怀瑾的作品涉及佛家、道家等领域，对无法直接了解典籍的人来说是一个重要的引导。他的语言生动有趣、博大精深，并且勘正了许多以往对传统文化的误解，因此南怀瑾的作品是学习中国传统文化的最佳读本。作为中国传统文化的忠实代言人，他对中国传统文化的复兴与普及功不可没。

在南怀瑾先生别具一格的讲解中，你会发现，圣人们的形象与以往诸多经学中塑造的形象大相径庭，他们仿佛变成循循善诱、学识渊博的长者，在你身边向你讲述人生的哲理，没有故弄玄虚的高深，有的只是源于自身修养与学问的智慧闪光。

生活在纷繁的世界，人们对于为人处世、人生意义等许多问题都存在疑惑。南怀瑾先生的解读，启迪我们重新思考人生。他告诉我们，修炼自身，清洁内心，只有自己的内心达到一定的广度与深度，才能和别人相处得更好，自己的幸福也会随之而来。

正所谓"身是菩提树，心如明镜台，时时勤拂拭，勿使惹尘埃。"南怀瑾先生翻开了一部古老的历史，并用自己丰富的阅历、广博的知识、幽默的语言和生动的实例，为我们展开了一幅美妙的人生画卷。在这幅画卷里，融汇了先贤的智慧和教诲。这些大智慧，经由南怀瑾先生的解读，变得更加掷地有声、清脆悦耳。尽管生活有时令人感到乏味、疲倦或痛楚，但是南怀瑾先生仿佛能够妙手回春，为深陷其中的人们配了一剂良药，告诉人们如何在繁忙的生活中，学会与自然、与心灵、与世界对话和沟通。

本书融入了典籍中的各类故事，既有南怀瑾先生的发散点评，也有笔者的瞬间感悟，从人们最关心的问题出发，为迷茫的人们点亮心灵归宿的明灯。就让我们追随南怀瑾先生的脚步，感悟新的人生，体会平凡背后那无尽的绚烂吧！

Contents / 目录

人才如同千里马，千里马总是孤高的、挑食的，如果只是将它当做普通的马在马厩间喂养，碍眼憎恨它的与众不同，千里马便只能是劣马，人才也只能是庸才，这是人才和上位者共同的不幸。

权柄是一根法力无边的魔棒，它能带来华丽的亮相，也能以惨淡作为收场。在善驾驭者的手中，它能成为征讨四方、开拓疆土的法宝，若被不谙其道者使用，它便是倒持的太阿，沦为他人刺伤自己功业的凶器。

想在繁华世界实现人生价值，提高自身的价值才是成败的关键。把握自己的命运，忍耐遭遇到的是是非非，以宽广的胸襟对待别人，心中对未来从来不失信心，这就是成功之道。做石缝里的小草，绝处逢生，忍耐命运的不公，把握自己的方向。

人生不过一念间，或觉得自己"撑着不死"，或觉得自己"好好活着"。看似相同，却蕴含着人生态度的极大不同。我们的人生该怎么样？淡泊，才能获得幸福。因为淡泊，我们才是好好活着；因为淡泊，我们才能耐心等待。

一

凡尘浊世，且修慈悲

"苦海无边，回头是岸。"这是佛法告诫世人常常用到的一句话。那么岸是什么？它又在何方呢？放下，即到彼岸。

✳ 放下，即到彼岸

汉代司马相如所著的《上书谏猎》有云："明者远见于未萌，而智者避危于未形。"

得失都是一样，有得就有失。得就是失，失就是得，所以一个人达到最高的境界，应该是无得无失。但是人们非常可怜，都是患得患失，未得患得，既得患失。我们的心，就像钟摆一样，得失、得失，就这样摆，非常痛苦。塞翁失马，你怎么会知道是福还是祸呢？所以，不要把得失看得太重，否则你永远也靠不了"岸"。

有一位男士讲述了这样一个有趣的事：

这位男士曾经和女友做了一个小测验，说如果同时丢了三样东西：钱包、钥匙、电话本，问丢失了其中的哪样东西会令自己最为紧张和焦虑？女友毫不犹豫地选择了电话本，而男士毫不犹豫地选择了钥匙。按照答案释义，女友是一个怀旧的人，男士则是一个现实的人。

后来他们不幸分手了，女友的确总被过去发生过的种种纠缠得不快乐，一段始于大学时代的未果爱情至今仍让她念念不忘，而男士却很早就已为人夫、为人父。女友的心停在了过去，一直后悔当初没有能坚持到底，因此，又错过了很多不错的人。

一次，二人再次不期重逢，有了这样的对话。

　　人生有些过失是无法挽回的，所以，需要你付出代价，这个代价就是学会放下。外在的放下让你接受教训，心里的放下让你得到解脱。生活中的垃圾既然可以不皱一下眉头就轻易丢掉，情感上的"垃圾"也无须抱残守缺。不会放下的人，就永远逃离不了苦海。

　　佛家讲到顿悟，说的就是一刹那的醍醐灌顶，正所谓"永恒藏于瞬间"。有的人用一辈子的时间也逃不脱凡尘琐事的纠缠，功名情感的牵绊；而有的人，却能在开悟那一刻，放下尘世种种，立地成佛。这中间，除了因果、造化外，恐怕就是看谁能够"放下"了。

　　抚州石巩寺的慧藏禅师，出家前曾是个猎人。在他年轻时曾一度最讨厌见到和尚。有一天他在追赶一只猎物时，被高僧马祖道一拦住。这位讨厌和尚的年轻猎人，见有个和尚干扰他打猎，就抡起胳膊，要对马祖动粗。于是，有了马祖和石巩慧藏的一番对话。

猎人虽以杀生为本，但杀取应有道，这叫不失"本心"。马祖语含机锋地问："哦，看来你也懂得'一箭一群'的真义，那怎么不去按照'一箭一群'的法则去射自己呢？"石巩慧藏说："我知道和尚'一箭一群'的意思了，可要让我去射自己，怎么下得了手！"马祖高兴地说："你这个年轻人以前的无明烦恼，今日算是断除了。"于是，石巩慧藏便扔掉弓箭，出家拜马祖为师。在他下跪的当时，就已经上岸了。其实，只要你在一转念之间明白了佛法的道理，岸就会呈现在你的面前，又何须回头呢？

南怀瑾说，去身见，去世间之见，把物质世界、空间的观念、身体、佛土观念，统统去掉。换句话说，把所有时空的观念、身心的观念统统放下，要这样来修持才行。按照南怀瑾先生的意思，一个人不但要放下，而且要放得彻底，不但要将自我肉体和物质享受放下，而且还要将各种净土观念也放下，完全空下来，人生才能有一个新的开始。

《指月录》中记载了这样一则故事：

黑氏梵志仙人到释迦牟尼佛祖那里去献合欢梧桐花，佛祖看见黑氏梵志，就对他说："放下！"梵志放下了拿在左手的一枝花。

　　佛祖接着又对梵志说："放下！"

　　梵志又放下自己右手拿着的那枝花。

　　佛祖接着对梵志说："放下！"

　　梵志不解，对佛祖说："我现在已经两手空空了，您还让我放下什么呢？"

　　佛祖说："我不是叫你放下你手中的那些花，而是让你放下你的六根六尘和你的六识啊。"

　　梵志当下大悟。

　　梵志仙人从来没有想过要放下，所以他才会像凡人一样有各种各样的欲望和由此产生的痛苦，如果他真的能够按照佛祖的建议来做，他的未来将会发生彻底的改变。

　　其实，"彼岸"一事不可过分执着；只要心念到了，转身之间、抬头之际，彼岸皆可近在眼前。南怀瑾先生说，曾有人问他"放下屠刀，立地成佛"是否确然。他说是啊！拿屠刀的人是玩真的，真有杀人的本事，大魔王的本事，是一个大坏蛋，但他一念向善，放下屠刀，当然能立地成佛！你们手里连刀子都没有，放下个什么啊！所以，不要钻到禅师所讲的字眼中不放，应该从一个更高的层次上去理解这个问题。任何时候，要想上岸，只要你的"念"一转，"岸"就在你的面前了，根本无须回头。只要你把心中的梁木放下，不就变成桨和舵了吗？还何愁上不了岸呢？

✳ 千秋一寸，德失一瞬

　　一位名医，在当地享有盛誉，有一天，一位年轻妇女来找他看病。检查后发现，她的子宫里有一个瘤，需要手术切除。手术很快就安排好了。手术室里都是最先进的医疗医疗器械，对这位拥有上千次手术经验的名医来说，这只是一个小手术而已。

名医切开病人的腹部，向子宫深处观察，准备下刀。但是，他突然全身一震，刀子停在空中，豆大的汗珠涌上额头，他看到了一件令他难以置信的事：子宫里长的不是肿瘤，却是个胎儿！他的手颤抖了，内心陷入矛盾的挣扎中：如果硬把胎儿拿掉，然后告诉病人，摘除的是肿瘤，病人一定会感激得恩同再生；相反，如果他承认自己看走眼了，那么，他将从此名声扫地。

经过几秒钟的犹豫，他终于下了决心，小心缝合刀口之后，回到办公室，静待病人苏醒。然后，他走到病人床前，对病人和病人的家属说："对不起！我看错了，你只是怀孕了，没有长肿瘤，所幸及时发现，孩子安好，一定能生下个可爱的小宝宝！"

听完他的话，病人和家属全呆住了。隔了几秒钟，病人的丈夫突然冲过来，抓住他的衣领，吼道："你这个庸医，我要找你算账！"

……

后来，孩子生下来果然安好，而且发育正常，但医生被告得差点破产。有朋友笑他，为什么不将错就错？就算说那是个畸形的死胎，又有谁能知道？"老天知道！"名医只是淡淡一笑。为了德，他舍弃了自己的声誉。这是名医的可贵，也是他对"君子"的完美诠释。

子曰："君子怀德，小人怀土。君子怀刑，小人怀惠。"南怀瑾先生解释说，这是孔子认为的君子与小人在"仁"上的分别。君子的思想重心在道德，违反道德的事不干，小人则不管道德不道德，只要有利可图就干。君子最怕的事，是自己违反德性，其次怕做犯法的事情，小人则只怕无利可图。

孔子区分君子和小人的标准，就是一个人对于义和利的态度，这也是他教育思想的重要组成部分。在孔子眼中，道德高尚的君子重义而轻利，见利而为的小人则重利而轻义。前者受人尊敬，而后者却惹人生怨。孔子曰："放于利而行，多怨。"只为了自己的利益而做事，必然招来很多的怨恨。如果一个人对生活盘算得太过精明，凡事都以自己能否获得利益为原则来进行判断行事，唯利是图，最后必然是以招来怨恨而告终。

因为，你算计人家，人家也算计你，大家都以能否获利为行事的原则，而一件事情、一桩生意的利总是有限的。馍馍只有那么大，你吃多了，人家必然就吃少了；反过来也是一样，人家吃多了，给你留下的也必然就少了。所以，一件事、一桩生意下来，总是有人怨恨，不是你怨恨人家，就是人家怨恨你，结果总是以不愉快告终。这就是"时时刻刻忙算计，谁知算来算去算自己"的道理，也就是"放于利而行，多怨"的原因所在。

利益是一个好东西，谁不喜欢利益呢？利益的反义词是弊害。反对追求利益的人，大概也不会去崇尚弊害。只是我们应该注意的是不要唯利是图。我们每一个人都置身在环境中，不对环境构成威胁的利益才可能是长远的。让我们的环境和谐、平衡，其实至关重要。皮之不存，毛将焉附？一个和谐稳定的环境不仅有利于自己的发展，也有利于合作共赢。

孔子把"义"与"利"分别开来，并作为衡量君子和小人的标准，其良苦用心就是要让人们懂得重义而轻利，不要唯利是图、只知道追求利益而舍弃了道义。现代社会早已过了谈钱而脸红的时代，这是社会莫大的进步；但我们也不能为了利而抛弃自己的道德操守和规范，走向另一个极端。

"君子爱财，取之有道"，这句话对个人有启发，对企业则更有益处。如果不遵守职业操守和行为规范，所得收益将是不"义"之财。道德透支便没有了信誉，无论个人还是集体，都不能长久生存，早晚会招来致命创伤。说到底，做人做事都要遵循仁义之道——仁道。

孔子重义轻利的思想有着比较深厚的文化背景。在孔子的理想中，如果整个社会都能真正地重礼、重义、重仁，那么，社会中的每个人也自然会获得最大的德，有德必有得，这之间并不矛盾。

义利和合，义利兼顾，既知其分，又知其合，互相协调、制约，并使两者有一定张力，使人谋利时不忘义，以义制约、指导谋利，讲义时兼顾利，使其有谋利的积极性，并由谋私利而推及公利，这才是人生应走之路。

✦ 救尽苍生，不留一念

南怀瑾认为，中国的文化讲究大公无私，从佛的角度来讲，就是"无我相、无人相、无众生相、无寿者相"。救尽天下苍生，心中不留一念，这样才是真正的大公无私，才是菩萨，否则，即非菩萨。

智德禅师在院子里种了一株菊花。转眼三年过去了，这年秋天，院子里长满了菊花，香味随风飘到了山下的乡村。到禅院来的信徒们都对菊花赞不绝口："好美的花儿呀！"有一天，有人开口，想向智德禅师要几棵菊花种到自家的院子里，智德禅师答应了，他亲自动手挑了几株开得最旺、枝粗叶茂的，挖出根须送给那人。消息一下子传开了，前来要花的人络绎不绝，接踵而至。智德禅师也一一满足了他们的要求。不久，禅院中的菊花都被送出去了。

弟子们看到满园的凄凉，忍不住说："真可惜，这里本来应该是满院飘香的呀！"智德禅师微笑着说："可是，你们想想，这样不是更好吗？因为三年之后，就会是满村菊香四溢了！""满村菊香……"弟子们听师父这么一说，脸上的笑容立刻就像菊花一样灿烂起来。而真正的佛的精神，并不是只图意境上的独自清闲享受，它注重行为上的布施，而且从不期望得到什么回报。

　　禅宗所讲的布施主要有三种：第一种布施是物质的，像金钱财物等布施，这叫外布施；第二种布施是精神的，如知识的传授，智慧的启发，教育家精神生命的奉献等，都是精神的布施，这种属于内布施；第三种是无畏布施，如救苦救难等。不管是哪一种布施，施者应该保持无施的心态，用一种希望他人能够得到益处的心态来贡献，那就是宗教家的精神了。施者应该做到无念、无人相、无众生相、无受者相。受者也空，施事也空。看到人家可怜应该同情，但是同情就是同情，布施了就没有事了。施事完了以后，"事如春梦了无痕"，无施者，无受者，也无施事，这才是佛法布施的道理。

　　所以，南怀瑾说：佛在这个世界上，以师道当人的师表，教化一切众生，救度一切众生，度完了，他老人家说，再见，不来了。佛就是这样，用他无私的慈悲救助世人，心中却不留一念。

　　一天晚上，七里禅师在诵经时，有一个强盗手拿利刃进来恐吓道："把钱拿出来，否则这把刀就结束了你！"禅师头也不回，镇静地说道："不要打扰我，钱在那边抽屉里，自己去拿吧。"强盗搜刮一空，正转过身时，七里禅师就说："不要全部拿去，留一些我明天要买花果供佛。"强盗正要离开时，禅师又说道："收了人家的钱，不说声谢谢就走了吗？"后来强盗因其他案子被捕，衙门审问时才知道他也偷过禅师的东西，衙门请禅师指认时，禅师说："此人不是强盗，因为钱是我给他的，清楚记得他已向我谢过了。"强盗非常感动，后来服刑期满后，皈依了七里禅师，成为他的门下弟子。

七里禅师用自己的慈悲解除了强盗的心魔，用佛的光辉普照了他的余生。最令人惊叹的还是禅师的淡定，你来抢，不用抢，只须说声谢谢，便是送给你了；无形之中转化了抢与赠的关系，化戾气于无形。而当强盗落网，禅师也并不为难他，毫无落井下石的意图，且宽怀慈悲，不仅令天地动容，更深深地打动了强盗曾经坚硬、蛮横的心灵，为他奉上大悲之水，灌溉了贫瘠的心灵。

佛经中还有一个故事，说远古时，有一座大森林忽然发生大火，大量树木被烧着，不少动物家园被毁，四散逃窜。林中有一只雉鸟，挺身而出，它拼尽自己微薄之力意欲熄灭这场熊熊大火。它飞向远处的河，跳入水中，把自己的羽毛浸得湿透了，再飞入森林救火。如此往返，飞来飞去，不以为苦。但毕竟杯水车薪，于事无补，但它还是坚持这样做，竭力想扑灭大火。

这时，天帝见它这么不辞劳苦，便问道："你这样做是为了什么？"雉鸟答道："我只想能扑灭这场大火，好让森林中的动物都能得到安身之处而已！森林，是动物赖以为生的家园，我虽然身体小，但还是有力量的，尽管这力量很微弱，但还算是有着一分力。既然还有力量，为什么不尽力扑救呢？"天帝于是又问："你的力量这么微弱，肯定是扑不灭这场大火的，那你打算干到什么时候？"雉鸟答道："我一直这样飞来飞去，取水救火，一直到我飞不动了，死了，才会停止。"

儒家精神的济世情怀其实和佛家的慈悲从某种程度上讲是相通的。杜甫"安得广厦千万间，大庇天下寒士俱欢颜，风雨不动安如山"的心愿，其实和佛教所提倡的精神完全吻合。所谓"救尽天下苍生，心中不留一念"，也正是真正的佛家境界，除此以外，皆是虚妄。

✳ 众生皆佛，只因误落尘世

佛与众生，有什么差别？许多人听到这个问题会暗自发笑，佛的境界又岂是凡夫俗子所能达到的，其实不然。

南怀瑾说，在《金刚经》中，佛告诉我们，所谓凡夫者，本来是个假名，没有什么真正凡夫，假名叫作凡夫而已。也就是说，众生皆佛，只是众生找不到自己的本性；找到了就不是凡夫，个个是佛，众生平等。所以后世禅宗经典，心、佛、众生，三者无差别。心即是佛，悟到了，此心即是佛；没有悟到，佛也是凡夫，心、佛、众生，三者无差别，三样平等。（注：本段主旨源自南怀瑾《金刚经说什么》）

有个人为南阳慧忠国师做了20年的侍者，慧忠国师看他一直任劳任怨，忠心耿耿，所以想要对他有所报答，帮助他早日开悟。一天，慧忠国师像往常一样喊道："侍者！"侍者听到国师叫他，以为慧忠国师有什么事要他帮忙，于是立刻回答道："国师！要我做什么事吗？"国师听到他这样的回答感到无可奈何，说道："没有什么事要你做！"过了一会儿，国师又喊道："侍者！"侍者的回应又是和第一次一样。慧忠国师又回答他道："没有什么事要你做！"

这样反复了几次以后，国师喊道："佛祖！佛祖！"侍者听到慧忠国师这样喊，感到非常不解，于是问道："国师！您在叫谁呀？"国师看他愚笨，万般无奈地启示他道："我叫的就是你呀！"侍者仍然不明白地说道："国师，我不是佛祖而是你的侍者呀！你糊涂了吗？"慧忠国师看他如此不可教化，便说道："不是我不想提拔你，是你实在太辜负我了呀！"侍者回答道："国师！不管是什么时候，我永远都不会辜负你，我永远是你最忠实的侍者，任何时候都不会改变！"

慧忠的眼光暗淡下去。有的人为什么只会被动地应声，任何进退都跟着别人走，就不会想到"自己"的存在呢？难道他不能感觉到自己的心魂，接触到自己真正的生命吗？

慧忠国师道："还说不辜负我，事实上你已经辜负我了，我的良苦用心你完全不明白。你只承认自己是侍者，而不承认自己是佛祖，佛祖与众生其实并没有区别。众生之所以为众生，就是因为众生不承认自己是佛祖。实在是太遗憾了！"慧忠国师一片苦心，可惜他的侍者却不明白，着实可惜。

心、佛、众生是没有差别的，每个人生来就是佛，只是很多人沉沦于俗世，不能自拔，所以迷失了自己的本性，认为自己不可能是佛。因此，每个人都不必妄自菲薄，只要你愿意舍弃一切去修行，你一样能够成佛。

还有这样一个故事。小和尚满怀疑惑地去见师父："师父，您说好人坏人都可以度，问题是坏人已经失去了人的本质，如何算是人呢？既然不是人，就不应该度化他。"师父没有立刻作答，只是拿起笔在纸上写了个"我"字，但字是反写的，如同印章上的文字。小和尚不明所以然地问："这是什么？"师父答："这是个字。"小和尚说："但是写反了！这是什么字呢？哦！原来是'我'字！师父追问："写反了的'我'字算不算字呢？"小和尚不加思考地回答："不算！"师傅又反问："既然不算，你为什么说它是个'我'字？""算！"小和尚立刻改了口。"既然算是个字，你为什么说它反了呢？"小和尚怔住了，不知怎样作答。

"正字是字，反字也是字，你说它是'我'字，又认得出那是反字，主要是因为你心里认得真正的'我'字；相反的，如果你本就不识字，就算我写反了，你也无法分辨，只怕当人告诉你那是个'我'字之后，遇到正写的'我'字，你倒要说是写反了。"师父说，"同样的道理，好人是人，坏人也是人，最重要的在于你须识得人的本性，于是当你遇到恶人的时候，仍然一眼便能看出他的'本质'，并唤出他的'本真'；本真既明，便不难度化了。"

师父的意思十分明白，在这个世界上，佛与众生没有任何差别，每个人都是佛。每个佛也都是最平凡的人，一个人只要体悟到般若的智慧，就和佛了无差别了，因此，如果要去度人，当然也要度坏人，如果这世上都是好人，还需要你度什么呢？越是你所认为的坏人，才越是应该帮助他拨云见日，还原其本真的佛性。这也才是佛教"众生平等"的意义所在。

众生皆看佛是佛，看人是人；而佛祖却看众生都是佛，每个人都是一粒佛的种子，只是因为误落尘世，才沾染了凡尘俗气，遮蔽了心灵的光辉。只要自己愿意修行，每个人的心里都有一朵盛开的莲花，也都有一粒佛的种子。用一首诗来形容，便是"我有明珠一颗，久被尘劳关锁。今朝尘尽光生，照破山河万朵"。

✳ 先理为人再理佛

在讲解禅宗经典《金刚经》时，南怀瑾语重心长地告诫听讲的学生：先学做人，能把儒家四书五经等做人之理通达了，学佛就一定能成功。就像盖房子一样，要先把基础打好；地基不稳当，盖出来的一定是危房。同样的道理，人都没有做好，又怎么能够成佛呢？人做好了，就成佛了。释迦牟尼佛在树下枯坐十载，顿悟的不是佛法，而是人生。佛法告诉人的也是这个道理。（注：本段主旨源自南怀瑾《金刚经说什么》）

良宽禅师终生修行修禅，从来没有松懈过，他的品行远近闻名，人人敬佩。但他年老的时候，从家乡传来一则消息，说禅师的外甥不务正业，吃喝嫖赌，五毒俱全，快要倾家荡产了，而且还经常危害乡里，家乡父老都希望这位禅师舅舅能大发慈悲，救救外甥，劝他回头是岸，重新做人。良宽禅师听到消息之后，不辞辛劳，立即往家乡赶。他风雨兼程，走了半个月，终于回到了童年的家乡。

良宽禅师终于和多年没见过面的外甥见面了。这位外甥久闻舅舅的大名，心想以后可以在狐朋狗友面前吹嘘一番了，因此也非常高兴和舅舅见面，并且特意留舅舅过夜。家人也很高兴，心想正好禅师可以好好规劝一下自己的外甥了。外甥却寻思，要是大名鼎鼎的舅舅真的对我说教，我可要好好捉弄他一下。出乎意料的是，晚上，良宽禅师在俗家床上坐禅坐了一宿，并没有劝说什么。外甥不知道舅舅葫芦里卖的是什么药，惴惴不安地勉强熬到天亮。

黎明之际，良宽禅师睁开眼睛，要穿上鞋，下床离去。他弯下腰，又直起腰，不经意地回头对他的外甥说："我想我真的老了，两手发直，穿鞋都很困难，可否请你帮我把鞋带子系上？"外甥非常高兴地照办了。鞋带系好后，良宽禅师慈祥地说："谢谢你了！年轻真好啊，你看，人老的时候，就什么能力都没有了，可不像年轻的时候，想做什么就做什么。你要好好保重自己，趁年轻的时候，把人做好，把事业的基础打好，不然等到老了，可就什么都来不及了！"禅师说完这句话后，掉头就走，其他的什么都没说。但就从那一天起，他的外甥再也不花天酒地地去浪荡了，而是改邪归正，像换了个人似的。

我想我真的老了，两手发直……

　　良宽禅师并没有用什么大道理规劝外甥，实际上，那些道理不用说外甥也都懂，只是没有照着去做而已。良宽禅师演示其中的利害关系，只是要唤起外甥的良知，做好了人，一切都有可能。否则，就无药可救，再无他法。

　　佛学并没有什么另起炉灶的玄虚，凡是学佛学禅的人，首先要建立一个明确的人生观：这一生来到这个世界，就是来偿还欠债的，以报所有相关之人的冤恨。因为我们赤手空拳、赤条条地来到这个世界上，本来就一无所有。长大成人，吃的穿的、所有的一切，都是众生、父母、师友们给予的恩惠。只有我负别人，别人并无负我之处。因此，要尽我之所有，尽我之所能，贡献给世界的人们，以报谢他们的恩惠，还清我多生累劫和自有生命以来的旧债。甚至不惜牺牲自己而为世为人，济世利物。大乘佛学所说首重布施的要点，也即由此而出发。

话说，有一天黎明，佛陀进城。在路上，佛陀看见一名男子，向着东方、南方、西方、北方、上方顶礼膜拜。于是佛陀问他："你为什么这样做呢？"那名男子说："我这是在做善生，每天向各方膜拜，是家族传下来的习惯。据说这样做，就会得到幸福。"佛陀说："我也有六种敬礼的方法。"那个人奇怪地问："你的方法是什么呢？"

　　佛陀慈祥地对他说："获得幸福的六种敬礼方法是，第一，孝顺父母。做儿女的要孝顺，令父母高兴、欣慰。第二，尊重师长。做学生的要敬重师长，接受教导。第三，爱护妻子。妻子是个好助手，夫妻之间要互相敬重。第四，善待朋友。对待朋友要诚实、互敬。第五，尊敬僧众。对待僧人要布施、恭敬。第六，友好地对待仆人。对待仆人要宽容，不要让他们过分疲倦。如果能够按照这六种方法来对待生活，你的家庭就会和谐圆满，人生就会快乐无忧。否则，只是礼拜六方，又有什么用处？"那个人听了佛陀的教诲心中十分高兴。从此，按照佛陀的教诲行事，心中的幸福感与日俱增。

获得幸福的六种敬礼方法是：
第一，孝顺父母。做儿女的要孝顺，令父母高兴、欣慰。
……

　　佛陀告诉那人的获得幸福的方法有什么神奇、玄妙可言吗？显然是没有。但是，人间众生能完完全全照做的却并不多。如果每个人都能够照着实行，相信每个人都会获得幸福。当你妥善地处理好了周围的人际关系时，你就会置身于祥和之中，幸福感自然油然而生。

　　南怀瑾说，世法与佛法是同样的道理，出家的人要懂世法，世法懂了，佛法就通了。所有真正的禅宗，并不是只以梅花明月，洁身自好便为究竟。后世学禅的人，只重理悟而不重行持，早已大错而特错。

　　"先学做人，再学做佛"，这是世间不变的道理，也是南怀瑾对佛法的独到理解。一个人如果真的能够照此修行，不但可以使自己获得幸福，而且还能够造福社会，成为社会的有用之才。红尘万丈修禅心，说的也是这个道理。

　　一个人如果真的能将人做好了，那就离佛的境界不远了。许多人一心修佛，却忽视了做人的根本，其实是曲解了佛理的真义。父母时常对孩子们说，不求成才，但求成人。而佛祖对人们的期盼恐怕是，不求成佛，但求成人吧。

二

活出人生本色

你有没有听见过雪花飘落在屋顶的声音？你能不能感受到花蕾在春风里慢慢开放时那种美妙的生命力？你知不知道秋风中常常带着来自远方的木叶清香？只要你肯去领略，就会发现人生本是多么美好，岁月中有很多足以让你忘记烦恼。你能不能活得愉快，在于你是否怀有一颗赤子之心，是不是真的想快快乐乐地活下去。

✴ 携赤子之心，体味生命意义

赤子之心，指具有婴儿一般纯洁无瑕的内心。

南怀瑾认为，人要永远保持一颗赤子之心，这样才能更好地体味生命的意义。

南怀瑾经历过很多的风风雨雨，取得过许多令人瞩目的成就，但他最受人敬仰的是他有着一颗饱经沧桑却仍然纯真的心境。

《庄子》中有句话，"是以十九年而刀刃若新发于硎"，意思是我们做人做事，要永远保持刚刚出来时的那份心情。譬如，年轻人刚走出学校步入社会时，是满怀希望，满怀抱负，但是人世久了，挫折受多了，艰难困苦经历了，心便被染污了，变坏了。本来很爽直的，变得不敢说话了；本来很坦白的，变得很虚伪了；本来有抱负的，变得窝囊了。因而我们自己要有独立的造诣，独立的修养。如果我们有独立的修养，那么在任何复杂的世界、任何复杂的时代、任何复杂的环境里，都可以"出淤泥而不染"，永远保持最初纯洁天然的心理状况。这才是最高的修养，我们把它称为"赤子般的初心"。

著名作家沈从文是文人中少数保有"赤子般的初心"的人，他带着一身的泥土气息，以乡下人的身份闯入自私、冷漠、虚伪的都市，但他并不受周围环境的影响，始终保持着心灵的纯洁质朴。正如他人生中那堂让人难忘的一课——

1928年，时年26岁的沈从文被时任中国公学校长的胡适聘为该校讲师。在此之前，沈从文以行云流水般的文笔描写真实的情感，赢得了一大批读者，在文坛享有很高的声誉。但他给大学生讲课却是头一回。为了讲好第一堂课，他认真地准备，精心地编制了讲义。尽管如此，第一天走上讲台，看见台下黑压压地坐满了学生，他的心里仍不免发虚。整整待了10分钟，竟一句话也说不出。后来开始讲课了，由于心情紧张，他只顾低着头念讲稿，事先设计好在中间插讲的内容全都忘得一干二净。结果，原本准备好的一堂课，十分钟就讲完了。接下来的几十分钟怎么打发？他心慌意乱，冷汗顺着脊背直淌。这样的尴尬场面，他以前可从来没有经历过。后来，沈从文没有天南地北地瞎扯硬撑"面子"，而是老老实实地拿起粉笔在黑板上写道："今天是我第一次上课，人很多，我害怕了！"于是，这老实可爱的话，引起全课堂一阵善意的笑声……

胡适深知沈从文的学识、潜力和为人，在听说这次讲课的经过后，不仅没有批评他，反而不失幽默地说："沈从文的第一次上课成功了！"后来，一位当时听过这堂课的学生在文章中写道："沈先生的坦率赤诚令人钦佩，这是我有生以来听过的最有意义的一堂课。"

此后，沈从文曾先后在西南联大师范学院和北大任教。正因为不是"科班"出身，他不墨守成规，而代之以别开生面、言传身教的文学教育，获得了成功。而他那"成功"的第一课，在学生之中不断流传，成为他率直人生的真实写照。

由此我们可以看出，用一颗"赤子般的初心"去面对世界，不做作，不逃避，能老实真诚地袒露自己的真实想法，必然会得到别人的谅解。正如南怀瑾所说，"人之所以苍老是由于受一切外界环境和自己情绪变化的影响，而保持着自己的初心，保持一颗质朴的童心，可以让生命永远保持健康，让生命永远保持青春"。童心是这个世界的原始本色，没有一点功利色彩。就像花儿的绽放，树枝的摇曳，风儿的低鸣，蟋蟀的轻唱，它们任凭内心的召唤，是本性使然，没有特别的理由。

生活在世俗纷扰的世界里，尔虞我诈让我们多了一些虚伪，勾心斗角让我们多了一些狡诈，世态炎凉让我们多了一些冷漠……走过的岁月愈多，累积的足印愈深，愈想抓住回眸的无邪。于是，我们从心底渴望回归，回归生活的原始本色。那么，去拥抱最真实的赤子情怀，保持心灵的纯净与天然，在质朴中处世，在质朴中做人，时刻保留一份孩子般的天真和无邪吧！

✳ 风月虽一样，情怀有深浅

杜甫有诗云："感时花溅泪，恨别鸟惊心。"有时候人很容易触景生情。

很多远离家乡、身处异地的人，每逢阴雨连绵、阴风怒吼时，看着昏暗的天空中太阳或星星隐藏了光辉，山岳隐没了形迹，满眼望去，天地间一片萧条的景象，便会感慨万千，十分悲伤。

而在春风和煦，阳光明媚时，入眼一片碧绿，广阔无际。花朵绽放、香气很浓，夜晚推窗望月，皎洁的月光一泻千里，这时便会心胸开阔，精神愉快，烦恼尽去，快乐到了极点。

为什么会有悲伤和快乐两种不同的心情呢？因为人们大多由于外物

的好坏和自己的得失而或喜或悲。

南怀瑾说，月亮、太阳、风、山河，它们永远如此，古人看到的那个天、那个云，也就是我们现在看到的这个天、这个云，是一样的世界。未来人看到的也是。风月虽是一样，但是情怀有深浅。有些人因为风景而高兴，有些人因为风景而难过，都是自己心中所造。

有些人总喜欢说"人生不如意之事，十有八九"，其实人生哪有那么多的不尽如人意啊？一切都是因为自己的"心"觉得不如意。如何摆脱内心的烦恼忧愁，感受生活的快乐呢？问题的关键在于我们能否拥有正确的心态。

道信禅师还未悟道时，曾经向三祖僧璨禅师请教。

道信虔诚地请教道："我觉得人生太苦恼了，希望您给我指引一条解脱的道路。"

三祖僧璨禅师反问道："是谁在捆绑着你？"

道信想了想，如实回答道："没有人绑着我。"

三祖僧璨禅师笑道："既然没有人捆绑你，你就是自由的，就已经解脱了，你何必还要寻求解脱呢？"

后来，石头希迁禅师在接引学人时，将这种活泼机智的禅机发挥到了极致，才有了学僧和希迁禅师的一番对话。

学僧在希迁禅师的步步紧逼之下，开始时迷惑不解，继而恍然大悟。

还有一则故事是这么说的：

有位信徒问无德禅师说："同样一颗心，为什么心量有大小的分别呢？"

禅师并未直接回答，他对信徒说："请你将眼睛闭起来，默造一座城垣。"

于是，信徒闭目冥思，心中构想了一座城垣。

信徒说："城垣造完了。"

禅师说："请你再闭眼默造一根毫毛。"

信徒又照样在心中造了一根毫毛。

信徒说："毫毛造完了。"

禅师问："当你造城垣时，是否只用你一个人的心去造？还是借用别人的心共同去造呢？"

信徒回答道："只用我一个人的心去造。"

禅师问道："当你造毫毛时，是否用你全部的心去造？还是只用了一部分的心去造呢？"

信徒回答道："用全部的心去造。"

接着，禅师就对信徒开示："你造一座大的城垣，只用一个心；造一根小的毫毛，还是用一个心，可见你的心能大能小啊！"

其实人的心何止能大能小，痛苦和快乐也源于人心的不同。

张中行先生在《快乐》一文中说："快不快乐，完全是由自己的想法决定。"其实，生活中不可避免地会发生一些让人伤心或烦恼的事，但是作为生活主角的我们，应该学会适应自己所处的环境，不钻牛角尖，乐观地面对生活。从心理学的角度来看，这是一种"心理自我调整"，一个善于调整自己心理的人，一定是一个健康的人、一个快乐的人。

巴辛每天总是乐呵呵的，当有人问他近况如何时，他总会回答："我快乐无比。"

如果哪位同事心情不好，他就会告诉对方怎么去看事物好的一面。他说："每天早上，我一醒来就对自己说，巴辛，你今天有两种选择，你可以选择心情愉快，也可以选择心情不好。我选择心情愉快。每次有坏事情发生，我可以选择成为一个受害者，也可以选择从中学些东西，我选择后者。人生就是选择，你要学会选择如何去面对各种处境。归根结底，你要自己选择如何面对人生。"

有一天，巴辛在银行里遭遇了三个持枪歹徒的抢劫。歹徒朝巴辛开了一枪。幸运的是抢救及时，经过18个小时的抢救和几个星期的精心治疗，巴辛出院了，只是仍有小部分弹片留在他体内。

6个月后，一位朋友见到了他。朋友问他近况如何，他说："我快乐无比，想不想看看我的伤疤？"朋友看了伤疤，然后问当时他想了些什么。巴辛答道："当我躺在地上时，我对自己说有两个选择，一是死，一是活。我选择了活。医护人员都很好，他们告诉我，我会好的。但在他们把我推进急诊室后，我从他们的眼神中读到了'他是个死人'。我知道我需要采取一些行动。""你采取了什么行动？"朋友问。巴辛说："有个护士大声问我对什么东西过敏，我马上答'有的'。这时，所有的医生、护士都停下来等我说下去。我深深吸了一口气，然后大声吼道，'子弹！'在一片笑声中，我又说，'请把我当活人来医，而不是死人。'"

当我们无法改变环境和现实的时候，可以改变自己的心情。无论正面临什么状况，只要你愿意选择积极乐观的心情，你就可以拥有快乐。

人是精神力量极其强大的动物，心可以决定生活的悲哀喜乐。一个拥有健康心态的人，不会因为外物的坏或自己的失而轻易沉浸在痛苦之中。想幸福快乐吗？那么，像巴辛一样每天微笑吧！

✳ 淡化烦恼，取于幽默

我们经常在电视上看到各种相声小品、娱乐节目，我们的身边也不乏有一些搞笑的人，但是，在这些节目和人中，能够真正称得上幽默的并不多。有位名人说："浮躁难以幽默，装腔作势难以幽默，钻牛角尖难以幽默，迟钝笨拙难以幽默，只有从容、平等待人、超脱、游刃有余、聪明透彻才能幽默。"真正的幽默来源于智慧。正如林语堂先生所说："幽默没有旁的，只是智慧之刀的一晃。"

中围是一个缺乏幽默的国家，却不缺乏幽默的人。孔子是众所周知的学术大师，也是一个很幽默的人。

子曰："饭疏食饮水，曲肱而枕之，乐亦在其中矣。"南怀瑾认为这是《论语》中最具文采、最优美的一段话。孔子说，只要有粗茶淡饭可以充饥，喝喝白开水，弯起膀子来当枕头，靠在上面甜睡一觉，便能感到人生的快乐无穷。这是一种苦中作乐的幽默。对于孔子而言，幽默是一种很好的应付人生的方法。

孔子在政治上始终不得志。有一次，子贡说："这儿有一块宝玉，在盒子里装着出卖，是不是待高价卖出呢？"孔子听了后就迫不及待地说："卖，当然卖，我就是正等着高价卖出去呢！"说完后，众人都开怀大笑。

　　显然，孔子的话是一句玩笑话，这种话给他不得重用的生活增添了一抹亮色。俄国文学家契诃夫说过："不懂得开玩笑的人，是没有希望的人。"孔子很懂得开玩笑，所以，他虽然不得志但内心并不抑郁。他的学说得不到政治家的认可，他便开坛讲学，以另一种方式传达自己的观点。

　　西方有一句意义深远的妙语："当人生给你酸涩的柠檬时，你就把它榨成一杯甜美的柠檬水"。中国也有一句相似的歇后语："含着黄连吹口哨——苦中作乐"。孔子的幽默使他战胜了人生的不如意，排除了可能存在的幽怨，抓住了生活中富于趣味的一面。

　　"幽默"这个词是林语堂从英文字单词"humor"翻译过来的。他本身就是一个很幽默的人。

　　有一次，林语堂参加一个学校的毕业典礼，在他讲话之前，已有好多长长的讲演。轮到林语堂讲话时，已经十一点半了，于是他站起来说："绅士的讲演，应当像女人的裙子，越短越好……"大家听了一愣，随后哄堂大笑。

幽默就是这样，它可以使你开心，使你脱离尘世的种种烦恼；它可以使你增加活力，使你的生活多一点情趣；它可以使你令人难忘，同时给人以友爱与宽容；它可以使你更加乐观、豁达……

人生在世，能够快快乐乐、开开心心地过一生，相信这是每个人心中的梦。然而，人生路上，总会有些不如意，总会有些无奈。正如尼采所说："人生就是一场苦难"。而幽默是化解苦难的灵丹妙药，它可以淡化人的消极情绪，使人脱离沮丧和痛苦的窘境，让心态在沉重的压力下得到放松和休息。

事情和境遇无法改变，掌控在我们自己手中的只有心态。因而林语堂说："我倒觉得越是在血与火的人生中，越是需要幽默与宽容。人生离不开幽默，幽默是死水般的生活里的一抹亮色。"

✳ 世间烦恼本是庸人自找

世人每天都在忙碌、不安和烦恼中度过，一个烦恼过去，下一个烦恼又来了，愁工作、愁财富、愁子女，甚至有时候顾影自怜……总之，各种各样的烦恼层出不穷，永不停息。

烦恼由心产生。南怀瑾一针见血地指出，所有人都在"无故寻愁觅恨"。世间烦恼是庸人自找的。如果一个人在面对世事变幻的时候，能够始终保持自己的本心，妄念不生，止水澄波，又何来烦恼一说呢？

白云守端禅师在杨歧方会禅师门下参禅，几年来都无法开悟，方会禅师怜念他迟迟找不到入手处。一天，方会禅师借着机会，在禅寺前的广场上和白云守端禅师闲谈。方会禅师问："你还记得你的师傅是怎么开悟的吗？"白云守端回答道："我的师傅是因为有一天跌了一跤才开悟的。悟道以后，他说了一首偈语，'我有明珠一颗，久被尘劳封锁，今朝尘尽光生，照破山河万朵'。"

方会禅师听完以后，大笑几声，径直而去。留下白云守端愣在原地，心想："难道我说错了吗？为什么老师嘲笑我呢？"白云守端始终放不下方会禅师的笑声，几日来，饭也无心吃，睡梦中也经常会无端惊醒。他实在忍受不住，就去找老师请求明示。

方会禅师听他诉说了几日来的苦恼，意味深长地说："你看过庙前那些表演猴把戏的小丑吗？小丑使出浑身解数，只是为了博取观众一笑。我那天对你一笑，你不但不喜欢，反而不思茶饭，梦寐难安。像你这样对外境这么认真的人，比一个表演猴把戏的小丑都不如，如何参透无心无相的禅呢？"

　　淡然安定面对各种问题的人，必定深谙从容的生活智慧。在现代都市竞争的人性丛林，从容淡定是一种难以达到的大境界，庸人都在杞人忧天、慌不择路，只有智者镇定从容。"百年三万六千日，不在愁中即病中。"古人的诗句可谓一语道破了人生的真谛。生活中总有不尽如人意的地方，关键在于你怎样看待。有繁杂事情的人生才是最真实的，烦恼根本没有必要，淡定从容、妄念不生地对待纷扰的人生才是最舒坦的。

✳ 珍惜现在，活出人生本色

　　《三国演义》中诸葛亮诗云："大梦谁先觉，平生我自知，草堂春睡足，窗外日迟迟。"南怀瑾这样告诉我们，人生就是一个大梦，醒时做白日梦，睡时做黑夜梦，现象不同，本质一样，夜里的梦是白天梦里的梦，如此而已。什么时候才真正不做梦呢？必须得道，只有"大觉而

后知此其大梦"，大彻大悟大清醒以后，便会顿悟人生不过是一场"大梦"。（注：本段主旨源自《庄子讲记》）

人生不过一场梦，空留慨叹在人间。中国古代流传了许多"恍然如梦"的故事，读来让人回味悠远。

相传，唐代有个姓淳于名梦的人，嗜酒任性，不拘小节。一天适逢生日，他在门前大槐树下摆宴和朋友饮酒作乐，喝得烂醉，被友人扶到廊下小睡，迷迷糊糊仿佛有两个紫衣使者请他上车。上车之后，马车朝大槐树下一个树洞驰去。但见洞中晴天丽日，别有风景。车行数十里，行人不绝于途，景色繁华，前方朱门上悬着金匾，上书"大槐安国"，有丞相出门相迎，告称国君愿将公主许配，招他为驸马。淳于梦十分惶恐，不觉已成婚礼，与金枝公主结亲，并被委任为"南柯郡太守"。淳于梦到任后勤政爱民，把南柯郡治理得井井有条，前后二十年，上获君王器重，下得百姓拥戴。这时他已有五子二女，官位显赫，家庭美满，万分得意。

不料檀萝国突然入侵，淳于梦率兵拒敌，屡战屡败，公主又不幸病故，淳于梦连遭不测，失去国君宠信，后来他辞去太守职务，扶柩回京，心中悒悒寡欢。后来，君王准他回故里探亲，仍由两名紫衣使者送行。车出洞穴，家乡山川依旧。淳于梦返回家中，只见自己睡在廊下，不由吓了一跳，惊醒过来，眼前仆人正在打扫院子，两位友人在一旁洗脚，落日余晖还留在墙上，而梦中好像已经整整过了一辈子。淳于梦把梦告诉众人，大家感到十分惊奇，一齐寻到大槐树下，果然掘出个很大的蚂蚁洞，旁有孔道通向南枝，另有小蚁穴一个。梦中"南柯郡""槐安国"，其实原来如此！

"南柯一梦"的故事恐怕大家都听过，但读来仍别有意味，真正参透梦境、参透人生之人又能有几个？在这里，南怀瑾进一步阐述他的观点，虽然人生如梦，但是并不是说世间人都必须看透人生、无欲无求、隐于山林、潜心修道，而是要在生活过程中且行且珍惜，明白自己生命中最重要的东西，好好享受人生沿途的风景，给自己一份好心情。路边的香花野草已经足够观看，远处的美景则可作为欣赏，没必要一定非要追上前去一探究竟，也许到了天边尽头，你会发现什么都没有，从前的美景反而全消失了。事实上，很多事物远观比近看要令人心情舒畅得多，奢求倒成了负担。

金山昙颖禅师，浙江人，俗姓丘，号达观，13岁皈依到龙兴寺出家，18岁时游京师，住在李端愿太尉的花园里。有一天，太尉问禅师："请问禅师，究竟有没有地狱？"

昙颖禅师回答道："佛祖如来说法，向无中说有，如眼见幻境，是有还无，太尉现在向有中觅无，是无中现有，实在堪笑。如果人眼前见地狱，为何不能心中内见天堂？天堂、地狱都在一念之间，太尉只要内心平静、无忧无扰，自然无惑。"

太尉又问道："心又该如何平静？"

昙颖禅师答："善恶都不思量。"

太尉再问："不思量后，心归何处？"

昙颖禅师说："心归于无处。"

太尉又问道："人若死时，心又归于何处？"

昙颖禅师说："未知生，焉知死？"

太尉说："可是生是我早已知晓的。"

昙颖禅师反问道："那么请说说，生从何来？"

太尉正沉思时，昙颖禅师用手直捣其胸曰："只在这里思量个什么？"

太尉慨然长叹："是啊，只知道人生路漫漫，一生都在忙于赶路，却没有发现人生匆匆、岁月蹉跎！"

昙颖禅师点头说道："百年，如同一场梦。"

百年如同一场梦，所以我们更应该珍惜现在，淡泊明志，宁静致远。人生每一个梦的实现，每一份由此而来的快乐，都是生命之歌的一个动听音符，都是人生旅程中的一个美丽的足印。我们应该放松心情，不为名利所累，享受现在。

生命就在一呼一吸间，所有的未来都是现在的结果。所以，南怀瑾一直在提醒人们，只有珍惜现在，才能领悟生命的真谛，享受生命的美好。我们应该追求事业的成功，但将名利视如鸿毛；追求生命的圆满，但不放纵欲望；看透人生的终极悲剧，但不悲观失落。在淡泊中坚守，在繁华时清醒，以淡然为底色，成就生命的华章。在如梦的人生中，潇洒处世。在生命的终点处，回望前尘，亦觉人生无憾，从而不悔恨、不悲伤。

这样的人生态度，与非洲的戈壁滩上生长的小花有一种真实的相似。这种花呈四瓣，每瓣自成一色：红、白、黄、蓝。在开花前，它要用五年时间来完成根茎的穿插工作，然后一点点地积蓄养分，在第六年春天，吐绿绽翠，开出一朵摇曳多姿的四色鲜花。然而仅仅两天，它便随母株一起香消玉殒。小花只是大自然万千家族中极为弱小的一员，可是，它们却以其独特的生命方式向世人宣告：即使生命短暂，也要绽放最耀眼的光彩。说到底，生命之旅，无论短如小花、圆月，还是长如灵龟、银杉，都应当珍惜这仅有一次的生存权利。我们可以不必追求出生、死亡多么伟大，也不必为了大富大贵而蝇营狗苟，只要活得自在、逍遥，活出本色，感到幸福便足矣。人生的精彩就在于此。

三

苦练内功，品咂甘甜

庄子告诉我们，每个人的气度、知识范围、胸襟大小都不同。如果要建立大功成大业，就要培养自己的气度、学问和能力。要想好好修道，就要像大海一样波澜壮阔。同时，懂得绚烂之极归于平淡才能尝到真正的甘甜。

✳ 找到属于自己的境界

一个人胸怀的大小、眼界的高低，会深刻地影响一个人的做事方法。很多人能成就一番大业，很大程度上就在于他们拥有别人所没有的人生境界。南怀瑾借庄子之口，给我们讲了这个道理。

《庄子·内篇·逍遥游第一》中讲，"蜩与学鸠笑之曰：'我决起而飞，抢榆枋而止，时则不至，而控于地而已矣，奚以之九万里而南为？'"

"蜩"就是蝉，"学鸠"是一种小鸟，庄子用拟人的手法，描绘了一鸟一虫有趣的对话。一只小虫与一只小鸟，都没有看到过大鹏，因为大鹏一飞起来，它们看都看不见。不过它们听别人说了大鹏高飞的事，觉得十分好笑：那个大鹏鸟真是多事，何必飞那么远？像我，"决起而飞"，从这棵小树一下就飞到那丛草上去了。

这讲的其实就是眼界与境界的问题，蜩与学鸠乃井底之蛙，心中的天地也就井盖那么大，"燕雀安知鸿鹄之志哉！"所以当他们听说大鹏能高飞，反而是自鸣得意且嘲笑他人一番罢了。南怀瑾认为眼界的高低一般会决定人生的高低。关于庄子，还有个故事是这样的——

　　庄子的好朋友惠子对庄子说："魏国国王给了我一把葫芦种子，于是我就把它种到地里了，没有想到现在结了个大葫芦。用来装东西吧，感觉太大了。用来盛液体吧，可是这葫芦皮又太薄，很容易漏底。要是一劈两半做成瓢，大家又用不着那么大的瓢。足见这葫芦确实够大。可是话说回来，光大有什么用，不过是自大。所以思来想去，我干脆把它砸烂得了，省心。"庄子听出他这个朋友语含讥讽，于是笑道："我给你讲个故事吧，以前有一户人家，祖上传下来的手艺就是漂洗丝帛。可是由于天冷，手要生疮，于是他们制造了一种膏药，用这种膏药往手上一涂，再寒冷的天气手也不生冻疮。后来有人来到他家知道了这种东西后，出黄金百两要买这个配方。于是全家商议之后，觉得这个价格很合算，比他们辛苦漂洗丝帛还要赚得多，于是就把膏药的配方卖掉了。这个人买得膏药秘方之后，就去了吴国，和吴国国君拉上关系后，就把这膏药卖给了吴国军队。后来某个冬天吴国被越国攻打时，吴王就带领军队在冰上攻击敌人，他给他的军士们都涂抹了那个膏药，使得他们在寒冷的天气里没有生冻疮，因此吴军士气大振，一举将越国击退了。吴王于是酬谢那个卖他膏药秘方的人，赐给他百亩土地，还封了个爵位，并送了他黄金万两，身份与以前自是不一样了。你对比一下，同样是一个膏药秘方，在一个人手里，只能是普通膏药，而在另一个人手里，则想到把它卖给国家，最后获得了赐土封侯。你有那么大一个葫芦，那是罕见的好东西，为什么不掏空里面，做成小船，去漂游江湖，却在我跟前数落葫芦大而无用啊？"

　　其实惠子和庄子是朋友，这故事本意是双方辩论，给对方灌输自己的思想。但是从这一对话中也可见，庄子眼界比惠子要高。同样的一个葫芦，惠子看到了大而无用，庄子则看到了物尽其用，说可以做成船；同样的一个秘方，有些人就只能自己用用，最多卖点钱，而那个来客，则靠这秘方封侯得金，尽享荣华。这就是眼界的差别，也是个人境界的差别。

人生的境界关系到一个人的成就、品味和气度。人生境界有高有低，有狭有宽，有大有小，境界在哪里，人生就到哪里。有一句话说得很好，"心有多大，舞台就有多大"。这个"心"指的就是一个人的境界和格局。

还有一个美丽的故事，在一个偏僻遥远的山谷里，高达数千尺的断崖边上，不知何时，长出了一株小小的百合。百合刚诞生的时候，如同杂草，但它心里知道自己并不是一株野草。它的内心深处，有一个纯洁的念头："我是一株百合，不是一株野草。唯一能证明我是百合的方法，就是开出美丽的花朵。"有了这个念头，百合努力地吸收水分和阳光，深深地扎根，直直地挺着胸膛。终于在一个春天的清晨，百合的顶部结出第一个花苞。百合的心里很高兴，附近的杂草却很不屑，它们在私底下嘲笑着百合："这家伙明明是一株草，偏偏说自己是一株花，还真以为自己是一株花，我看它顶上结的不是花苞，而是头脑长瘤了。"它们讥讽百合："你不要做梦了，即使你真的会开花，在这荒郊野外，你的价值还不是跟我们一样？"偶尔也有飞过的蜂蝶鸟雀，它们也会劝百合不用那么努力开花："在这断崖边上，纵然开出世界上最美的花，也不会有人来欣赏呀！"百合说："我要开花，是因为我知道自己有美丽的花；我要开花，是为了完成作为一株花的庄严使命；我要开花，是由于自己喜欢以花来证明自己的存在。不管有没有人欣赏，不管你们怎么看我，我都要开花！"在野草和蜂蝶的鄙夷下，百合努力地释放内心的能量。终于有一天，它开花了，它那灵性的洁白和秀挺的风姿，成为断崖上最美丽的风景。这时候，野草与蜂蝶再也不敢嘲笑它了。

　　百合花一朵一朵地盛开着，花朵上每天都有晶莹的水珠，野草们以为那是昨夜的露水，只有百合自己知道，那是极深沉的欢喜所结的泪滴。年年春天，百合努力地开花、结籽。它的种子随着风，落在山谷、草原和悬崖边上，到处都开满洁白的百合。几十年后，远在百里外的人，从城市、从乡村，千里迢迢赶来欣赏百合开花，无数的人看到这从未见过的美，感动得落泪，触动了内心那纯净温柔的一角。后来，那里则被人们称为"百合谷地"。不管别人怎么欣赏，满山的百合花都谨记着第一株百合的教导："我们要全心全意默默地开花，以花来证明自己的存在。"

人生境界大不同，即便你不能成为大鹏与百合，也不要讥笑他人的虫草，有时别人的心志，你未必能了解。你的世界，别人也未必能看透。如果我们都不能真正了解别人的世界，就不要给予别人过多的评论，也不要因为看不惯别人的处世方法而给予指责。

淡然面对。希望每个人都能找到属于自己的境界。

✳ 无为而为，效法天道

老子在《道德经》里讲道，"万物作焉而不辞，生而不有，为而不恃……"南怀瑾对这句话作了精妙的解释：天地间的万物，不辞劳苦，生生不息，但并不将成果据为己有，不自恃有功于人，如此包容豁达，反而使得人们更能体认自然的伟大，并始终不能离开它而另谋生存。所以上古圣人，悟到此理，便效法自然法则，用来处理人事。

南怀瑾讲到做人处世，应效法天道，尽量地贡献出自己的力量，不辞劳苦，不计名利，不居功，秉承天地生生不已、长养万物的精神，只有付出，而没有丝毫占为己有的倾向，更没有要求回报。人们如能效法天地而为人处事，才是最高的道德风范。而计较名利得失，怨天尤人，便是与天道自然的精神相违背。所谓"处无为之事"说的就是"为而无为"的原则：一切作为，应如行云流水，义所当为，理所应为，做应当做的事。做过了，如雁过长空，不着丝毫痕迹，没有纤芥在心。（注：本段主旨源自《老子他说》）

关于有为与无为，我们从老子"齿与舌"的故事里能了解得更多。

孔子一心向老子问"礼"，于是便带着弟子们来到了洛阳。老子把孔子师徒引入大堂，入座之后，孔子表明来意，老子点头微笑。孔子师徒正准备洗耳恭听之时，不想老子却张开嘴巴："你们看我这些牙齿如

何？"孔子师徒莫名其妙地看了看老子七零八落的牙齿，不知何意。随后，老子又伸出舌头问："那么，我这舌头呢？"孔子又仔细看了看老子的舌头，灵光乍现，醍醐灌顶，孔子顿悟，微笑着答道："先生学识渊博，果然名不虚传！"

后来，师徒几人辞别老子，起身返回鲁国。弟子子路却疑云重重，不得释然。颜回问其何故，子路说："我们大老远跑到洛阳，原本想求学于老子，没想到他什么也不肯教给我们，只让我们看了看他的嘴巴，这也太无礼了吧？"颜回答道："我们这次来不枉此行，老子先生传授了我们别处学不来的大智慧。他张开嘴让我们看他的牙齿，意在告诉我们，牙齿虽硬，但是上下碰磨久了，也难免会残缺不全；他又让我们看他的舌头，意思是说，舌头虽软，但能以柔克刚，所以至今完整无缺。"子路听后恍然大悟。

颜回继续说道："这恰如征途中的流水虽然柔软，但面对挡道的山石，它却能穿山破石，最终把山石都抛在身后；穿行的风虽然虚无，但它发起脾气来，也能撼倒大树，把它连根拔起……"孔子听后称赞说："颜回果然窥一斑而知全豹，闻一言而通万理呀！"

满齿不存，舌头犹在，无为而作，才能完成应当所为之事。所以，有时，不必偏执地追求"有为"和"大用"，中国历史上有许多人，上至帝王将相，下至布衣隐士，似乎本身都无所作为，但却成就了大作为，就是因为他们谙熟了老庄"无用之才有大用"的处世之道。以虚无的来胸怀包容一切功用，一切为我所用，才是真正的大用。

三国时曹魏阵营有两个著名谋士，一是杨修；一是荀攸。杨修自恃才高，处处点出曹操的心事，经常搞得曹操下不了台，曹操"虽嘻笑，心甚恶之"，终于借惑乱军心的罪名把他杀了，而荀攸则完全是另一种下场。荀攸有着超人的智慧和谋略，这不仅表现在政治斗争和军事斗争中，也表现在安身立业、处理人际关系等方面。他在朝二十余年，从容自如地处理政治漩涡中上下左右的复杂关系，在极其残酷的人事倾轧中，始终地位稳定，立于不败之地。

荀攸是如何处世安身的呢？曹操有一段话很形象也很精辟地反映了荀攸的这一特别谋略："公达外愚内智，外怯内勇，外弱内强，不伐善，无施劳，智可及，愚不可及，虽颜子、宁武不能过也。"可见荀攸平时十分注意周围的环境，对内对外，对敌对己，迥然不同，判若两人。参与谋划军机，他智慧过人，迭出妙策；迎战敌军，他奋勇当先，不屈不挠。但他对曹操，对同僚，却注意不露锋芒、不争高下，把才能、智慧、功劳尽量掩藏起来，表现得总是很谦卑、文弱、愚钝。

荀攸大智若愚、随机应变的处世方略，使得在与曹操相处的二十年中，关系融洽，深受宠信。建安十九年，荀攸在从征孙权的途中善终而死。曹操知道后痛哭流涕，对他的品行推崇备至，赞誉他是谦虚的君子和完美的贤人，这都是荀攸无为而作、明哲保身的结果。

清朝的曾国藩在为官方面，也做得很好。他恪守"清静无为"的思想。他常表示，于名利之外，须存退让之心。太平天国快要失败的时候，他的这种思想愈加强烈，一种兔死狗烹的危机感时常萦绕在他的心头。他意识到了自己的残缺，而且懂得只有退让才能保住自己的实力。所以在攻陷天京之后，曾国藩立即遣散了湘军，做好了长期抱残守缺的准备，不打算再叱咤风云了，对于他来说，更多的战功并不意味着荣誉，恰恰相反可能意味着因为功高盖主，而引起各方的猜忌。因此直接辞职不干了，这不能不说是很高明的做法。曾国藩有为与无为的度掌握得很好。

无论是荀攸还是曾国藩，都深谙老子的"无为"之道，无为而为，反而能够有所作为。这正如许多世间之法则，不要走向极端，因为那更容易灭亡。走在两个极端之间，这样你才能更长久地生存下去，并开创自己的另一番事业。

✦ 一滴水也要有自己的深度

关于《庄子·内篇·逍遥游第一》中讲到的"且夫水之积也不厚，则其负大舟也无力。覆杯水于坳堂之上，则芥为之舟，置杯焉则胶，水浅而舟大也"。对此，南怀瑾有自己的理解。

在南怀瑾看来，庄子举出的一个简单事例中通常包括有几层道理。如果水不深、不满，就没有办法承受大船，除非像大海一样地深厚、广阔，才能承载起几千吨、几万吨的大船。在厅堂里挖个小坑，然后舀一杯水倒在里面，把微小的芥子置入水中，芥子就仿佛小舟一样在水面行驶；如果把杯子放在水面，则一下就胶住了，浮不起来。为什么？因为水太浅，杯子当船太大了。

浅水中只能漂浮草籽，大海中才能航行巨轮，其实人生也是如此。

几个人在岸边岩石上垂钓，一旁有几名游客在欣赏海景之余，亦围观他们钓上岸的鱼，口中啧啧称奇。

只见一个钓者竿子一扬，钓上了一条大鱼，约3尺来长。落在岸上后，那条鱼依然腾跳不已。钓者冷静地解下鱼嘴内的钓钩，随手将鱼丢回了海中。

围观的众人发出一阵惊呼，这么大的鱼犹不能令他满意，足见钓者的雄心之大。就在众人屏息以待之际，钓者鱼竿又是一扬，这次钓上来的是一条2尺长的鱼，钓者仍是不多看一眼，解下鱼钩，便把这条鱼放回海里。

第三次，钓者的渔竿又一次扬起，只见钓线末端钓着一条不到1尺长的小鱼。

围观的人以为这条鱼也将和前两条大鱼一样，被放回大海，不料钓者将鱼解下后，小心地放进自己的鱼篓中。

游客中有一人百思不解，追问钓者为何舍大鱼而留小鱼。

钓者回答道："喔，那是因为我家里最大的盘子只有1尺长，大大的鱼钓回去，盘子也装不下……"

舍三尺长的大鱼而取不到一尺的小鱼，这是令人难以理解的取舍，而钓者的唯一理由，竟是家中的盘子太小，盛不下大鱼。

盘太小，装不下大鱼；水太浅，容不下蛟龙。生活中，有多少人因为人生之水太浅，而导致走到穷途末路的呢？

从另一个方面来看，何为浅水，何为大海，其实并不像黑白对错那样简单易判，人生如大海，究竟怎样的程度，才算是广阔的胸襟与人生？如何判定是非、评定人们的襟怀呢？

大富豪霍英东幼年时家境贫寒，7岁前"他连鞋子都没有穿过"；在轮船上当铲煤工便是他的第一份职业，然而贫寒就这样成了人生起步时的磨砺。梅花香自苦寒来。若干年后的霍英东，已是叱咤商界半个世纪的巨头。但是成为巨富后，霍英东朴素生活的习惯并没有改变多少，他说："万顷良田一斗米，千间房屋半张床，我自问一顿吃不下一斗米。今天虽然事业薄有所成，也懂得财富是来自社会，也应该回报于社会。"

伴随着他在内地的投资和慷慨捐赠，霍英东的名字渐渐在人群中流传开来。他曾捐出一百多亿，却在接受采访时说："我的捐款，就好比大海里的一滴水，作用是很小的，说不上是贡献，只是我的一份心意！"

只有拥有人生大格局的人，才能拥有这样博大的"一份心意"。如果只想托起一粒微小的草籽，那么只需一捧水就够了。如果想像大海一样，必须真正了解生命之道，就如霍英东一样，人活一世，草木一秋，懂得何为深广，才能波澜壮阔，拥有宽广的人生。

有一天，上帝造了三个人。他问第一个人："到了人世间，你准备怎样度过自己的一生？"第一个人回答说："我要充分利用生命去创造。"上帝又问第二个人："到了人世间，你准备怎样度过自己的一生？"第二个人回答说："我要充分利用生命去享受。"上帝又问第三个人："到了人世间，你准备怎样度过自己的一生？"第三个人回答说："我既要创造人生，又要享受人生。"上帝给第一个人打了50分，给第二个人打了50分，给第三个人打了100分。他认为第三个人才是最完整的人。

第一个人来到人世间，表现出了不平常的奉献感和拯救感。他为许许多多的人做出了许许多多的贡献，对自己帮助过的人，他从无所求。他为真理而奋斗，屡遭误解也毫无怨言。慢慢地，他成了德高望重的人，他的善行被广为传颂，被人们默默敬仰。他离开人间，人们从四面八方赶来为他送行。直至若干年后，他还一直被人们深深地怀念着。第二个人来到人世间，表现出了不平常的占有欲和破坏欲。为了达到目的他不择手段，甚至无恶不作。慢慢地，他拥有了无数的财富，生活奢华，一掷千金，妻妾成群。他因作恶太多而得到了应有的惩罚。正义之剑把他驱出人间的时候，他得到的是鄙视和唾骂，被人们深深地痛恨着。第三个人来到人世间，没有任何不平常的表现。他建立了自己的家庭，过着忙碌而充实的生活。若干年后，没有人记得他的存在。人类为第一个人打了100分，为第二个人打了0分，为第三个人打了50分。

也许每个人的一生只是沧海一粟，但是，即使是一滴水，也要有自己的深度，也要贡献出自己的力量。就像上面提到的三个人，他们在上帝面前不同的胸怀和气度，决定了他们在人间的作为。成就一番大事业，重回天堂，上帝的微笑也会和凡人一样，送给有广博的心胸和大海一样灵魂的人。

✴ 苦练内功，静待一壶茶香

在《逍遥游》开篇，庄子以横空出世的笔法向我们讲述了鲲、鹏之变及大鹏南飞的故事，极大地开阔了我们的视野和胸怀。在叙述大鹏如何飞向南冥的过程中，庄子这样讲道："风之积也不厚，则其负大翼也无力。故九万里，则风斯在下矣，而后乃今培风；背负青天，而莫之夭阏者，而后乃今将图南。"

南怀瑾在《庄子讲记》中对这段话有这样一段精彩的论述：庄子讲大鹏鸟要飞到九万里高空，非要等到大风来了才行，如果风力不够，它两个翅膀就没有办法打开，飞不起来。风力越大，起飞就越容易，速度也就越快。这似乎暗示了一个人生的道理，要想成就一番大事业，不仅要有大鹏展翅的志向，还需要有等待"好风凭借力"的耐心。（注：本段主旨源自《庄子选集》）

其实，很多事情都不会是转瞬即得的，我们要有耐心，要学会等待。

有一次，佛陀和他的侍者走在路上，那天的太阳格外强烈。到了中午的时候，佛陀饥渴难耐，便对侍者说："刚才我们不是经过数条小河吗！你去弄些水回来。"

侍者于是拿着盛水的容器去了，路并不是很远，他很快就找到了，但是他刚到那里，就有一队商人骑着马从那条小溪经过，溪水被他们弄得浑浊不堪，哪里还能喝！于是他就转身回去了，告诉佛陀说："溪水被商人弄脏了，不能喝了，还是另找一条小溪吧！我知道前面就有一条小溪，而且溪水非常清澈，离这里也不远，大概就两个时辰的路程。"

佛陀说："我们离这条小溪近，而且我现在口渴难耐，为什么还要再走两个时辰的路，去找前面的那条小溪呢？你还是再去一趟刚才的那条小溪看看吧。"

侍者满脸不悦地拿着容器又去了，心里想："刚才不是看了嘛！水那么脏，怎么能喝呢？现在又让我去，不是浪费时间白跑一趟吗？"

他决定不去了，于是就转身回来对佛陀说："我都告诉你了，溪水已经被弄脏了，你为什么还是要让我白跑一趟呢？"

佛陀什么也没有向他解释，说道："等一会儿你就知道了，你现在要做的只是顺从，你肯定不会白跑的！"

侍者只好又去了，当他再次来到那条小溪旁边的时候，看到溪水是那么清澈、纯净，泥沙早已不见了。

这个表象的世界没有任何东西是永恒的，要学会耐心等待，你总能得到自己想要的东西。人生也是如此，人的一生不可能一帆风顺。相对

成功来说，更多的则是挫折和失望。只有学会坚持，学会等待，才有成功的机会和希望。

人生需要等待，"欲速则不达"、"财不入急门"等，讲的都是学会等待的道理。君不见，有人因不懂得等待，而使爱的花朵凋零；有人因不循"时令"，在看到鲜花盛开时才去栽种，最终却两手空空；有人因没有耐心等待而争权夺利，最终粉身碎骨，空留悲叹。生活中，又有多少人因为不会等待而事倍功半，甚至徒劳无功、适得其反？人生因饱经风霜而更富有内涵，美酒也因岁月沉淀才历久弥香。

有这样一个故事：一个屡屡失意的年轻人来到普济寺，慕名寻访高僧释圆。他一见到高僧便沮丧地说："人生总不如意，活着也是苟且，有什么意思呢？"释圆大师静静地听完年轻人的叹息和絮叨，末了吩咐小和尚说："施主远道而来，烧一壶温水送过来。"不一会儿，小和尚送来了一壶温水，释圆抓了些茶叶放进杯子，然后用温水沏了，放在茶几上，微笑着请年轻人喝茶。杯子中冒出微微的水汽，茶叶静静地浮着。年轻人不解地询问："宝刹怎么喝温茶？"释圆笑而不语。年轻人喝一口细品，不由摇摇头："一点茶香都没有啊。"释圆说："这可是闽地名茶铁观音啊！"年轻人又端起杯子品尝，然后肯定地说："真的没有一丝茶香。"

释圆又吩咐小和尚道："再去烧一壶沸水送过来。"又过了一会儿，小和尚便提着一壶冒着浓浓白汽的沸水进来。释圆起身，又取过一个杯子，放入茶叶，倒入沸水，再放在茶几上。年轻人俯首看去，茶叶在杯子里上下沉浮，丝丝清香不绝如缕，望而生津。年轻人欲端杯，释圆作势挡开，又提起水壶注入一线沸水。茶叶翻腾得更厉害了，一缕更醇厚、更醉人的茶香袅袅升腾，在禅房弥漫开来。释圆就这样注了五次水，杯子终于满了，那绿绿的一杯茶水，端在手上清香扑鼻，入口沁人心脾。

释圆笑着问："施主可知道，同是铁观音，为什么茶味迥异吗？"年轻人思忖着说："一杯用温水，一杯用沸水，冲沏的水不同。"释圆点头："用水不同，则茶叶的沉浮就不一样。温水沏茶，茶叶轻浮水上，怎会散发清香？沸水沏茶，反复几次，茶叶沉沉浮浮，释放出四季的风韵——既有春的幽静、夏的炽热，又有秋的丰盈、冬的清冽。世间芸芸众生，也和沏茶是同一个道理。沏茶的水温不够，就不可能沏出散发香味的茶水，你自己的能力不足，要想处处得力、事事顺心自然很难。要想摆脱失意，最有效的方法就是苦练内功，切不可心生浮躁。"

人生如茶，水温够了，时间够了，茶香自然会飘散出来。人生需要慢慢积淀，当时机成熟，风力充足，有了一定的能力才智，定能一飞冲天。所以说，人要想最终获得一个圆满、成功、幸福的人生，必须要经过一个成功势能积累的过程。如果心浮气躁，最终只会陷于失败的深渊。成功绝不是一蹴而就的，只有静下心来日积月累地积蓄力量，才能够"绳锯木断，滴水穿石"。

✳ 抛却妄念，无欲则刚

《论语》中有这样一段对白，"子曰：吾未见刚者。或对曰：申枨。子曰：枨也欲，焉得刚？"意思是，孔子说我始终没有看见过一个够得上刚强的人。有一个人说，申枨不是很刚强吗？孔子说，申枨这个人有欲望，怎么能称得上刚呢？一个人有欲望是刚强不起来的，碰到你所喜好的，就非投降不可，人要到"无欲"则刚。

所以真正刚强的人是没有欲望的，南怀瑾曾送给学生一副对联，上联是佛家的思想，下联是儒家的思想："有求皆苦，无欲则刚。"如果一个人说什么都不求，只想成圣人、成佛、成仙，其实也是有所求，有求就苦。人到无求品自高，要到一切无欲才能真正刚强，才能真正作为一个大气的人，屹立于天地之间。

拉尔夫是一位国际著名的登山家，他曾经在没有携带氧气设备的情况下，成功地征服了多座高峰，这其中还包括了世界第二高峰——乔戈里峰。其实，许多登山高手都以不带氧气瓶而能登上乔戈里峰为第一目标。但是，几乎所有的登山好手来到海拔6500米处时，就无法再继续前进了，因为这里的空气变得非常稀薄，几乎令人感到窒息。因此，对登山者来说，想靠自己的体力和意志，独立征服高达8611米的乔戈里峰，确实是一项极为严峻的考验。

然而，拉尔夫却突破障碍做到了，他在事后举行的记者招待会上，说出了这一段历险的过程。拉尔夫说，在突破海拔6500米的登山过程中，最大的障碍是心里各种翻腾的欲念。在攀爬的过程中，任何一个小小的杂念，都会让人松懈意念，转而渴望呼吸氧气，慢慢地让人失去冲劲与动力，而"缺氧"的念头也会开始产生，最终让人放弃征服的意志，不得不接受失败。

拉尔夫说："想要登上峰顶，首先，你必须学会清除杂念，脑子里杂念愈少，你的需氧量就愈少；你的欲念愈多，你对氧气的需求便会愈多。所以，在空气极度稀薄的情况下，想要登上顶峰，你就必须排除一切欲望和杂念！"

排除一切欲望和杂念，保持身心安定、清净、祥和。身心清净，没有欲望和杂念的干扰，能量的消耗就会降到最低限度。

《庄子·内篇·德充符第五》讲道："道与之貌，天与之形，无以好恶内伤其身。"以南怀瑾的观点来看，庄子此句话的意思是，生命活着要顺其自然，要不增不减，抛却心中的妄情、妄念、妄想，保持一片清明境界，这才是上天指给我们的"道"。这个道就是本性，人活得很自然，一天到晚头脑清清楚楚，不要加上后天的人情世故。如果加上后天的人情世故，就会有喜怒哀乐，使身体内部受到伤害，就会生病难得长寿。

其实，我们的人生就像一场漫长的旅行，当行囊过于沉重时，就应该拿掉一些累赘的东西，只有适当地放弃才能让你轻松自在地面对生活。

一个带着过多包袱上路的人注定不会走得快。我们总是让生命承载太多的负荷，这个舍不得丢掉，那个舍不得丢掉，最终被压弯了腰。

人的欲望就像个无底洞，任凭万千金银也难以填满。欲望是需要用"度"来控制的。人具有适当的欲望是一件好事，因为欲望是追求目标与前进的动力，但如果给自己的心填充过多的欲望，只会加重前行的负担。人贪得越多，附加在心上的负担也就越重，可明知如此，许多人却仍然根除不了人的劣根性。对于真正享受生活的人来说，任何不需要的东西都是多余的。

其实，一个人真正所需的十分有限，许多附加的东西只是徒增无谓的负担而已，人们需要做的是从内心爱自己。曾有这样一个比喻："我们所累积的东西，就好像是阿米巴变形虫分裂的过程一样，不停地制造、繁殖，从不曾间断过。"而那些不断膨胀的物品、工作、责任、人际、家务占据了你全部的空间和时间，许多人每天忙着应付这些事情，早已喘不过气来，每天甚至连吃饭、喝水、睡觉的时间都没有，也没有足够的空间活着。

拼命用"加法"的结果，就会把一个人逼到生活失调，精神濒临错乱的地步。这时候，就应该运用"减法"了！这就好像参加一趟旅行，当一个人带了太多的行李上路，在尚未到达目的地之前，就已经把自己弄得筋疲力尽。唯一可行的方法，是为自己减轻压力，就像扔掉多余的行李一样。

著名的心理学大师荣格曾这样形容："一个人步入中年，就等于是走到'人生的下午'，这时既可以回顾过去，又可以展望未来。在'下午'的时候，就应该回头检查早上出发时所带的东西究竟还合不合用，有些东西是不是该丢弃了。理由很简单，因为我们不能照着'上午'的计划来过'下午的人生'。早晨美好的事物，到了傍晚可能显得微不足道；早晨的真理，到了傍晚可能已经变成谎言。"或许你过去已成功地走过早晨，但是，当你用同样的方式走到下午时，却发现生命变得不堪负荷，坎坷难行，这就是该丢东西的时候了！

欲望使世界上少了一个天使，满足一个人的欲望，就使世界上少了一个鲜活的生命。抛却心中的"妄念"，才能够使你于利不趋，于色不近，于失不馁，于得不骄，进入宁静致远的人生境界。

✳ 极高明而道中庸

《论语》里有一则故事，"伯牛有疾，子问之，自牖执其手，曰：'亡之，命矣夫！斯人也而有斯疾也！斯人也而有斯疾也！'"说的是孔子的学生伯牛生病，孔子去慰问他，他将手从窗户里伸进去拉着伯牛的手，说道："这个人快要死了，这真的是命啊！这个人竟然得了这种病！这个人竟然得了这种病！"

我们都知道在古代，礼节中规定，一个人得病了，要是君主来探望他，病人就要搬到房子南面的窗户下，让君主从南面看他。除了君主，别人要是去探望病人，一般不进到病人待的屋子里慰问，再加上为尊为长者的忌讳，所以老师更不应该去。而孔子则没有摆架子，不仅去看他，还把手从窗户里伸进去慰问，可见孔子是个多么敦厚、朴素、谦虚的人，他用他谦逊的人生态度来实践他"仁"的思想。

《三字经》中还有这样一句话："昔仲尼，师项橐。""仲尼"大家都知道指的是孔子，而"项橐"则是燕国的一个神童。

有一天，小神童项橐见到孔子时说："我听说孔先生您很有学问，特来求教。"孔子笑着说："那你说吧！"项橐于是拱手相问："什么水里没有鱼？什么火里没有烟？什么树上没有叶？什么花儿没有枝？"孔子听后很纳闷："你这问的是什么问题，江河湖海里都有鱼；柴草灯烛，凡是火就都有烟啊；至于植物，没有叶子就长成树啊，没有树枝也开不了花啊。"项橐一听咯咯直笑，晃着脑袋说："您错了。井水里没有鱼，萤火虫发出的萤火没有烟，枯死的树上没有叶子，天上的雪花没有枝。"孔子于是长叹道："后生可畏啊！你太厉害了，我愿拜你为师啊。"

　　孔子学识渊博，深受万人敬仰，他能拜一个小童为师，的确是非常了不起的。而他的做法也为我们提供了一个做人的标杆。学问到了最高的境界，就是以最平凡、最肤浅的人做自己的老师，做自己的榜样。所以，孔子身上有许多值得我们学习的地方。

　　有位刚刚退休的资深医生，与自己的得力助手——一位年轻的医生分开就诊。一段时间之后，资深医生发现指明挂号让年轻医生出诊的患者比例明显增加。资深医生心想："为什么大家不找我就诊？难道他们认为我的医术不够高明吗？我刚刚才得到一项由医学会颁发的'杰出成就奖'，登在新闻报纸上的版面也很大，很多人都看得到啊！"原来，年轻医生的经验虽然不够丰富，但因为其有自知之明，所以问诊时非常仔细，慢慢研究推敲，跟病人的沟通较多，也较深入，且为人亲切、客气，也常给病人加油打气，会说"不用担心啦！回去多喝开水，睡眠要充足，很快就会好起来的"类似的心灵鼓励，这也让他开出的药方更有事半功倍的效果。

回过来看看专家这边，情况正好相反。经验丰富的他，看诊速度很快，往往患者无须开口多说，他就知道问题出在哪里，资深加上专业，使得他的表情显得冷酷，仿佛对病人的苦痛渐渐麻痹，缺少同情心。整个出诊的过程，明明是很专业、很认真的，却容易使患者产生"漫不经心、草草了事"的误会。

其实，很多具有专业素养的人士，都很容易遇到类似的问题。他们并不是故意要摆出盛气凌人的高姿态，但却因为地位高高在上，令人仰之弥高，才产生遥不可及的距离感。所以，越成熟的麦穗，越懂得弯腰。当然，越懂得弯腰，也才会越成熟。

南怀瑾也曾经告诉我们：一个人的一生，由最绚烂而归于平淡，由极高明而归于平凡，这才是成就，这样的成就才是养生之道。（注：本段主旨源自《庄子讲记》）

一位著名的教授曾在某高校作过一次深刻的演讲。教授拿了两杯水，一杯黄色的，一杯白色的，故作神秘地对学生说："待一会儿，你们从这两杯水中选择其中的一杯尝一下，不管是什么味道，先不要说出来，等实验完毕后我再向大家解释。"随后便先问甲乙两位同学想喝哪杯水，甲乙二人都说要黄色的那杯，接着又去问丙丁两位同学，丙丁二人也同样要尝试黄色的那杯。就这样，总共有二百多个同学做了尝试，其中只有1/3的同学选择了白色的那杯。

之后，教授问同学们，黄色的那杯是什么水？2/3的同学伸出舌头回答："是黄连水。""那你们为什么想要尝试这一杯呢？"教授接着问道。那些同学又回答："因为它看起来像果汁。"教授笑了笑，接着又问那些尝过白色杯里水的同学，这些同学大声答道："是蜜。"教授问："那你们为什么选择尝试白色的这杯呢？""因为掺杂了色素的水虽然好喝、好看，但是并不能解渴呀！"这些喝过蜂蜜水的同学笑着答道。

听完了同学们的回答，教授又笑了笑，说道："绝大多数的同学选择了很苦的黄连水，因为它看起来像果汁；只有极少数的同学尝到了蜂蜜，这是为什么呢？其实，人生的过程就犹如选择两杯不同颜色的水，大多数人都会选择有颜色的耀眼的那杯，只有极少数人才会选择不太起眼的、不招人喜欢的、很平常的那杯。要知道，浮华过后的朴素才是甘甜。"

绝大多数的同学选择了很苦的黄连水，因为它看起来像果汁；只有极少数的同学尝到了蜂蜜，这是为什么呢？其实……

　　由高明归向平凡，是从心里开始的，越是伟大的人，越对自己不以为意。越高明，越谨慎，越是一副平凡的样子，实则内涵丰富，包罗万象。

四

生命不息，前进不止

灵魂期待什么，就能成为什么。人生如戏，只要够投入，就没有什么能阻挡你出人头地。

✳ 琢磨人生，打磨顽石中的美玉

世上本没有太多天才，而少数的天才也可能因为缺少雕琢磨练而沦为庸才。

根据《伤仲永》一文描述，方仲永五岁时，便能指物作诗，被邻里乡亲视为神童。他不断受到邀请，还有人花钱请他题诗。他的父亲认为有利可图，每天拉着他四处拜访同县的人，不让他学习。这样年复一年，最后方仲永的才能完全消失，成为一个普通人。

方仲永这样天生聪明且有才智的人，没有后天的努力，最后也会成为平凡人；而原本平凡甚至愚笨的人，能不断磨砺自己、刻苦努力追求进步，最后也能成为别人眼中了不起的人才。

《诗经》有云："如切如磋，如琢如磨。"南怀瑾解释，切、磋、琢、磨，是做玉石的方法。人做学问要像做玉石一样切磋琢磨，人生更得像雕刻一样，用后天的努力雕琢自己。南怀瑾说，一个人生下来，要接受教育，要慢慢从人生的经验中，体会过来，学问进一步，功夫就越细，越到后来，学问就越难。

慢慢磨练自己的心性，慢慢体味人生的味道，慢慢雕琢粗糙的自我。如果你仔细切磋琢磨自己的人生，会发现顽石中隐藏的是连你自己都不曾察觉的美玉。如果你自己不精雕细琢，安于粗陋的人生，那么终将平庸一世。

一个天资聪慧的男孩，从小到大一直很出色，后来以高分考上了一所名校，对自己的前途充满了信心。在别人眼中，他一定能成大器。大学毕业后他被分到一家不太景气的企业，待遇不好，他上了两年班就辞职创业，开了一家商店，但是由于资金不足又缺少从商经验，经营一直不顺，最终他决定放弃了。

虽然他经商不顺，但随后在应聘一家知名企业的管理岗位时，由于他有丰富的经历、活跃的思维、朋友的引荐，他从众多应聘者当中脱颖而出。企业待遇很好，工作清闲，收入高，也没有什么压力，在这样轻松的工作环境中，他感到十分惬意。他每日都心安理得地过着轻松自在的生活，工作上日复一日没有什么创新。一年以后，以前的同学见到他，都说他有些变了。

时光飞逝，十年过去了，同学聚会时，大家见到他，都很吃惊，他和以前大不一样了，不仅没有精神，而且说话办事慢吞吞，死气沉沉，过去那种朝气蓬勃、充满活力的精气神消失殆尽。不少同学经过艰苦的打拼都已有所成就，只有他还是一个普通的科员……

一个人的思想和意志得不到磨练，就不可能有积极向上的动力。人总是好逸恶劳的，不磨练自己的意志力，就会在平庸的人生中安于现状，就不会获得内心真正的幸福和享受。在安逸的环境里失去自我，最终一事无成，使自己的人生暗淡无光。

提到正身做人，想到了"雕砚"。砚石最初都是工匠从溪流里涉水挑选而来，石块呈灰色，运回后首先需要暴晒，因为许多石头在溪流里十分精致，却有着难以察觉的裂痕，只有经过不断的日晒雨淋才能显现。未经打磨的石头，表面粗糙，不容易看出色彩和纹理，只有在切磨打光之后，才能完美而持久地呈现出这些色彩和纹理。雕砚最重要的一步就是修底，因为底不平，上面不着力，就没有办法雕好，无论多么细致的花纹与藻饰，都要从最基础的步骤开始。

做人也是如此，无论表面怎样，经过琢磨，都会呈现出美丽的纹理。从生活中历练，正如同在雕砚时磨砺，外表敦厚内心耿介的君子，经过心志与机体的劳苦之后，方能承担大任。修底与磨砺都是正身的过程，戒与慎则是正身的方法。

生活对于每个人来说，蕴藏着无限的哲理与深意，它就像一本很厚的书，只有用心去读，才能品味到生活中处处有学问，处处有真理。只有感悟了生活中的真理，眼光才能看得更远；深知生活中的诀窍，才能活得自在、洒脱、游刃有余。生活里充满智慧与学问，只有用心去领悟，才能体验到自在的真谛。

人生是要经过磨练的，不经过反复磨练，就会使自己永远停留在原始的状态，无论在怎样的环境里都要精心琢磨，否则就不可能改变自己的人生，创造自己的价值。"一苦一乐相磨练，炼极而成福者，其福始久；一疑一信相参勘，勘极而成知者，其知始真。"

✳ 不让过去成为将来的绊脚石

俗话说："好汉不提当年勇。"过去的功劳簿是埋葬今日的坟墓，一个沉浸在过去取得的辉煌成就中的人，今天对他而言已经结束，日升日落已与他无关，他已无法同时代的脉搏一起跳动。

孔子在川上曰："逝者如斯夫！不舍昼夜。"南怀瑾认为孔子所说的"逝者如斯"，是指人要效法水不断前进，也就是《礼记·大学》这部书中引用汤之《盘铭》中所说的"苟日新，日日新，又日新"的道理。人若满足于过去的成就，事业便会逐渐走向萎缩，思想、观念便会落伍。人生如逆水行舟，不进则退。只有不断地努力，才能常常进步常常新。

吴士宏从一个"毫无生气甚至满足不了温饱的护士职业"，先后当上IBM华南区的总经理，微软中国总经理，TCL集团常务董事、副总裁，靠的就是不自满于过去、不断超越自己的进取精神。

外表温文、满脸带笑的吴士宏曾经是北京一家医院的普通护士。用吴士宏自己的话说，那时的她除了自卑地活着，一无所有。她自学高考英语专科，在还差一年就要毕业时，她看到报纸上IBM公司在招聘，于是她通过外企服务公司准备应聘该公司，在此之前外企服务公司向IBM推荐过好多人都没有被聘用，吴士宏尽管没有高学历，也没有外企工作的资历，但她有一个信念，那就是"绝不允许别人把我拦在任何门外"，结果她成功被聘用了。

据她回忆，1985年，她为了离开原来毫无生气甚至满足不了温饱的护士职业，凭着一台收音机，花了一年半时间学完了许国璋英语三年的课程。正好此时IBM公司招聘员工，于是吴士宏来到了五星级标准的长城饭店，鼓足勇气，走进了世界上最大的信息产业公司——IBM公司的北京办事处。

IBM公司的面试十分严格，但吴士宏都顺利通过了。到了面试即将结束的时候，主考官问她会不会打字，她条件反射地说："会！"

"那么你一分钟能打多少？"

"您的要求是多少？"

主考官说了一个标准，吴士宏马上承诺说可以做到。因为她环视四周，发觉考场里没有一台打字机。果然，主考官也只是说下次录取时再加试打字。

实际上吴士宏从未摸过打字机。面试结束，吴士宏飞也似地跑回去，向亲友借了170元买了一台打字机，没日没夜地敲打练习了一星期，双手疲乏得连吃饭都拿不住筷子，竟奇迹般地敲出了专业打字员的水平。之后，经过好几个月她才还清了这笔对她来说不小的债务，而IBM公司一直没有考她的打字功夫。

吴士宏就这样成了这家世界著名企业的一名最普通的员工。

靠着这种不断超越自我的意识，吴士宏顺利迈入了IBM公司的大门。进入IBM公司的吴士宏不甘心只做一名普通的员工，因此，她每天比别人多花6个小时用于工作和学习。于是，在同一批聘用者中，吴士宏第一个做上了业务代表。接着，同样的努力和付出又使她成为IBM公司第一批的本土经理，然后又成为第一批去美国本部作战略研究的人。最后，吴士宏又第一个成为IBM华南区的总经理。这就是努力付出的回报。

1998年2月18日，吴士宏被任命为微软（中国）有限公司总经理，全权负责包括中国香港在内的微软中国区业务。据说为争取她加盟微软，国际猎头公司和微软公司作了长达半年之久的艰苦努力。

在中国信息产业界，吴士宏创下了几项第一：她是第一个成为跨国信息产业公司中国区总经理的内地人；她是唯一一个在如此高位上的女性；她是唯一一个只有初中文凭和成人高考英语大专文凭的总经理。在中国经理人中，吴士宏被尊为"打工皇后"。

从一名普通的护士到一名跨国公司的总经理，事实上，她的每一步都是自己对过去的超越。

"逝者如斯夫，不舍昼夜。"同样的时间和生命，有人用来缅怀过去，有人用来享受现在，有人却用来书写明日的辉煌。

世界创作学会的会长池田大作先生说过："平庸的生活使人感到一生不幸，只有波澜万丈的人生才能让人感到生存的意义。"一个人不论曾经取得多大的成就，一旦停止了前行，他便步入了平庸。生命不息，奋斗不止。曾经的成就不是我们停留的借口，不断创造卓越，才是人生行进过程的基调。

✳ 心有劲，则力无穷

南怀瑾说过这样一句话，"现在天下父母以及所有老师都在做一件事"——到底在做什么事呢——"都在残害我们的幼苗"。因为他认为孩子的潜力是巨大的。父母和老师不去开发孩子独特的潜力，反倒是通过没有生气的考试来扼杀创造力，实在是可悲！父母虽然初衷很好，但是好心做了坏事。在成年人的世界里，潜力也一样有很大的开发空间。比起好心做坏事的"他杀"，更可悲的是很多人在"自杀"，他们自己在扼杀自己的潜力。比如，很多人遇到困难之后，觉得似乎再没有能力突破自己了，这种心态往往使得本来能够做到的事情做不到了。人的潜力是无限的，我们不要让固有的思维限制了我们的脚步。因此一个人要想做成一件大事，绝对得抱有自己一定能行的心态，才能发掘自己的潜力，这就是进取的力量。

每个人都有一个隐藏着的自己，就看你能不能把他找出来。

写作一般都是由坐拥书城的作家花费大量时间和精力去完成的，而1993年秋，宁夏人民出版社却出版了一位农民写的书——《青山洞》。

　　小说的作者名叫张效友，1949年出生于陕西省榆林市定边县石洞沟乡一个贫困的农民家庭，小学三年级就辍学了。

　　1972年，23岁的张效友参加了"四清"工作队。到1978年，6年的时间里，他深深体验到了农村生活的复杂性和那个年代的变异性。他有自己的独立看法，却又无法向同伴们诉说，这使他深感压抑，于是决定写小说。他向一位朋友说出了自己的想法，可是朋友却猛泼了他一顿冷水。朋友认为张效友文化层次太低，写小说是不可能的。

　　张效友却认为：苏联的奥斯特洛夫斯基文化程度不高却写成了《钢铁是怎样炼成的》，中国的高玉宝也没上过多少学却写成了《高玉宝》。

　　从此以后，他白天忙农活，晚上在厨房里构思。他定下了一个思路，不太满意，又推翻重来。一点一点地想，一点一点地安排，每一部分写什么事，如何连贯，反复推敲。写出来之后又反复修改。就这样，竟折腾了两年，终于把全书的框架基本确定下来了。

　　但没过多久，麻烦就来了。干农活时他心不在焉，心里塞满了书，连续烧坏了五台浇灌用的电动机，损失达到一千多元。为了省时间，他还把责任田以自己三、别人七的比例承包给了他人。妻子终于忍无可忍，于1984年9月里的一天将他的书稿烧掉了。事后，张效友悲痛欲绝，想要投井自尽，却被儿子抱住了双腿给拦了下来。

　　他一连几个星期都被绝望的情绪紧紧围绕。后来，他想通了：自古英雄多磨难，不经历风雨，怎么能见彩虹？稿是人写的，重写！

　　为了避免重蹈覆辙，他偷偷地将冬天贮藏土豆的菜窖清理出来，躲在地窖里夜以继日地忘我工作。

　　后来，妻子病了，他很内疚，决定先放下写作去挣钱。他到西安打工，走进劳务市场，突然觉得灵感勃发，思如泉涌。掏出纸就写。

过了一段时间没找到工作，身上带的钱也花光了，不仅没有了饭吃，也没有钱买纸笔了。他只好去卖血。最终还是没有找到工作，只能"打道回府"。

回到家里，妻子一气之下抢下他的书包，掏出手稿，扔进了火炉里，几个月的心血又白费了。张效友说："你烧吧，只要你不把我人烧了，你烧多少我还能写多少。"看到张效友这么坚毅的决心，妻子终于被感动了。

张效友40万字的长篇小说《青山洞》，终于在1993年秋天，由宁夏人民出版社出版发行了。两年后，他的作品荣获榆林地区1991—1995年度"五个一工程"特别奖。1995年6月20日，中央电视台播出了他的事迹。

一个农民要是没有自信，几次挫折可能就把他的一生定格了。张效友能成功其实最根本的原因在于他相信自己，通过不懈的努力，把自己的潜力发挥出来了。很多时候一个人只要有进取心态就没有做不成的事情。因为进取心往往和潜力是好朋友，你越是进取，能调动起来的积极性就越高，从而潜力被开发出来的可能性也就越大。

约瑟夫念大学时，是1930年全美橄榄球赛冠军圣母队的经理，当时的教练是已故的罗奈德。约瑟夫大学毕业的时候，恰逢经济大萧条时代的来临，失业率很高，工作很难找到，试过了投资银行业和影视业之后，他找到了开展未来事业的一线希望——去卖电子助听器，赚取佣金。谁都可以做那个行业，约瑟夫也明白。但对他来说，这个工作为他敲开了机会的大门，他决定努力去尝试。

在将近两年的时间里，他不停地做着一份自己并不喜欢的工作，如果他安于现状，就再也不会有出头的那一天了。但是，一个偶然的机会，使他瞄准了业务经理的助理一职，并且成功获得了该职位。往上爬了这一步，便足以使他鹤立鸡群，看得见更好的机会，这是一个崭新的开始。

约瑟夫在助听器销售方面卓有建树，以致约瑟夫所在公司的竞争对手，电话侦听器产品公司的董事长安德鲁想知道约瑟夫是凭什么本领抢走老字号的电话侦听器产品公司的大笔生意的。他派人去找约瑟夫谈一谈，面谈结束后，约瑟夫成了对手公司助听器部门的新经理。然后，安德鲁为了试试他的胆量，把他派到人生地不熟的佛罗里达州3个月，考验他的市场开拓能力。结果他没有消沉下去！罗奈德的精神"全世界都爱赢家，没人有时间给输家"驱使他卖命地工作，结果他被选中做公司的副总裁。一般人需要在10年誓死效忠的打拼之后，才有可能获得这个职位，这已被视为无上的荣耀。但约瑟夫却在不到6个月的时间里如愿以偿。

就这样，约瑟夫凭着强烈的进取心，在短期内取得了优秀的成绩，登上了令人羡慕的地位。其实我们通过以上两个故事就会发现，决定自己成败的是信念、信心和坚持。有时候我们会觉得工作进行不下去了，或者某件事情做不成了，实际上那只是暂时梦想枯竭了，只要你敢想、敢做就没有实现不了的。有人说成功就八个字——"敢想敢做，敢做敢当"，实在是精辟之语。连想都不敢想，何谈成功！

✳ 人生如局，爱拼才会赢

有人说，人生是一场赌局。命运就是随机抓到手中的麻将，好坏全凭运气。然而，高明的玩家，即使手中抓有一副烂牌，也不会轻易放弃，依然会坚持拼下去。因为，赌局只要没有结束，他就有赢的机会。

　　谁不曾对生活灰心过、失望过？然而，人生的成败注定要到最后才会水落石出，世界上没有绝望的事，只有绝望的心，爱拼才会赢。无论现实如何，通过自己的努力创造一个华丽的结局，这样才不枉此生。南怀瑾曾讲述过孔子的一个故事——原壤是孔子的老朋友，一次他在孔子的旁边，做了一个不大雅观的动作。孔子就骂他说，你这个家伙，年轻时对兄弟姐妹不好，没有友爱，一生之中，又没有值得称道的事，人生的成果何在？对人生含糊一世，不去奋斗拼搏，对自己没有交代，年纪活得这么大了毫无作为。说到这里，孔子就用手杖轻轻敲他的腿，说他人生不踏实，脚跟没有落地。像原壤这样的人，老百姓常会用一句话来形容，那就是"岁数都长到狗身上去了"，也就是说他这一生白活了。

　　比起人来，花草的一生是短暂的。然而，一株草即使会在秋季到来时很快凋零，在它生命的每一天，它也会努力地挥洒自己的绿意；一朵花即使很可能在某场暴雨来临后香消玉殒，但在每一个面对阳光的日子里它都不会错过尽情吐露生命芬芳的机会。人生的赌局终有结束的时候，但在结束之前，每个人都应该全身心投入到这场华丽的战斗中，为成为最后的赢家而拼尽全力。无论结局如何，真正圆满的人生都应享有一场人生的璀璨焰火，那些在赌局中轻言放弃、毫无作为的人是没有资格看到的，它是独属于坚持者的"盛宴"。

　　拿破仑出生在科西嘉岛上的阿雅克肖，他的父亲虽然很高傲，但是手头非常拮据。幼时，拿破仑的父亲将他送进贝列思贵族学校就读。学校中的同学，大都恃富而骄，思想卑劣，讥讽家境清寒的同学，所以拿破仑常受同学们的侮辱。起初，拿破仑逆来顺受，竭力抑制自己的愤怒，但同学们的恶作剧愈演愈甚，他终至忍无可忍，于是请求他父亲准他转学，希望脱离这可怕的环境，可是他父亲来信坚决地回复他说："诚然，家中拮据，但你仍须留在校中读书。"他不得已，饱尝了五年的痛苦，他多次遭到同学们带有侮辱性的嘲弄，不但没有消沉志气，反而增强了他的决心，磨砺了他的意志，准备将来战胜这些卑鄙的纨绔子弟。

当他16岁任少尉时，他父亲不幸去世，此后，在他微薄的薪俸中，尚须节省出一部分钱来赡养他的母亲。那时，他又接受差遣，须长途跋涉，到瓦朗斯去加入队伍，厄运迭至，真是已达极点。到了队伍上，眼见伙伴们大都把余闲的光阴虚掷在狂嫖滥赌上，然而他并不想和这些伙伴一样，放纵堕落，自甘平庸，他把自己业余的光阴全放在钻研学问上。幸好这时他在图书馆中借到了他要看的书，好像清风明月，予取予求。他早有了目标，在艰苦卓绝中埋首研习，虽然弄得脸无血色，孤寂烦闷，都没有动摇他的意志，数年的工夫，积累下来的笔记，后来印刷出来，竟有四大箱。

此时，他已设想自己成为一个总司令，他绘制了科西嘉岛的地图，并将设防计划罗列在图上，根据数学的学理精确计算。从此以后，他崭露头角，为长官所赏识，派他担任重要的职务，至此否极泰来，青云直上。其他人对他的态度，也大大改观，从前嘲笑他的人，反而接受他的指挥，奉承唯恐不周；轻视他的人，也以受他稍一顾盼为荣；嘲笑他是一个迂儒书呆、毫无出息的人，也虔诚崇拜，到处颂扬。

人生如局，爱拼才会赢。很多人往往要在一番艰难困苦中奋力挣扎后才能迸发出生命的耀眼光芒。莎士比亚说过，斧头虽小，但经过多次劈砍，终究能将一棵最坚硬的橡树砍倒。只要不放弃，只要肯努力，再糟糕的人生都能改变。正如《爱拼才会赢》这首歌所唱的："一时失志不免怨叹，一时落魄不免胆寒，哪怕失去希望，每日醉茫茫，无魂有体就像稻草人，人生可比是海上的波浪，有时起有时落，好运，歹运，总要站起来前行。三分天注定，七分靠打拼，爱拼才会赢。"

✴ 命运难定，全在自己书写

中国历史上常说"盖棺定论"，人生要在最后下结论，要在经历了许多艰难困苦以及是非曲折之后才能得到一个人的最终表现。

南怀瑾曾提到过历史上的一件有关孟子和朱元璋的趣事。

相传，朱元璋当了皇帝以后，内心非常讨厌孟子，认为孟子不配"亚圣"的称号，也不应该把他的牌位供在圣庙里，因此，他下旨取消孟子配享圣庙之位。到了晚年，他的年事高了阅历多了，读到《孟子》的"天将降大任于斯人也，必先苦其心志，劳其筋骨，饿其体肤，空乏其身，行拂乱其所为，所以动心忍性，曾益其所不能。人恒过，然后能改；困于心，衡于虑，而后作；征于色，发于声，而后喻。入则无法家拂士，出则无敌国外患者，国恒亡。然后知生于忧患而死于安乐也"一节，情不自禁地拍案叫好，认为孟子果然不失为圣人，是亚圣，于是又恢复了孟子配享圣庙之位。

人生是一场长途旅行，途中的艰难困苦是一种磨砺，更是一种财富。

"子曰：岁寒，然后知松柏之后凋也。"南怀瑾说人格坚定的人在时代的大风浪来临时，人格还是挺然不动摇，不受物质环境影响，不因社会时代变同而变动。

持之以恒的人会在人生的后程发力，经过长时间的积蓄，厚积薄发，往往能笑到最后。简单来说，人生的定论总要在经过一定事情之后，才能得出，而不由个人的禀赋决定。

有一个年幼的孩子一直想不明白自己的同桌为什么每次都能考第一，而自己每次却只能远远排在他的后面。回家后他问道："妈妈，我是不是比别人笨？我觉得我和他一样听老师的话，一样认真地做作业，可是，为什么我总比他落后？"妈妈听了儿子的话，感觉到儿子开始有自尊心了，而这种自尊心正在被学校的排名伤害着。她望着儿子，没有回答，因为她不知道该怎样回答。

又一次考试后，孩子进步了，考了第20名，而他的同桌还是第一名。回家后，儿子又问了同样的问题，妈妈真想说，人的智力确实有高低之分，考第一的人，脑子就是比一般的人灵。然而这样的回答，难道是孩子真想知道的答案吗？她庆幸自己没有说出口。应该怎样回答儿子的问题呢？有几次，她真想重复那几句被成千上万个父母重复了不知多少次的话——你太贪玩了；你在学习上还不够勤奋；和别人比起来还不够努力……以此来搪塞儿子。然而，像她儿子这样脑袋不够聪明、在班上成绩不甚突出的孩子，平时活得还不够辛苦吗？所以她没有那么做，她想为儿子的问题找到一个完美的答案。

儿子小学毕业了，虽然他比过去更加刻苦，但依然没赶上他的同桌，不过与过去相比，他的成绩一直在提高。为了对儿子的进步表示赞赏，她带他去看了一次大海。就在这次旅行中，这位母亲回答了儿子的问题。母亲和儿子坐在沙滩上，她指着海面对儿子说："你看那些在海边争食的鸟儿，当海浪打来的时候，小灰雀总能迅速地起飞，它们拍打两三下翅膀就升入了天空；而海鸥总显得非常笨拙，它们从沙滩飞向天空总要很长时间，然而，真正能飞越大海横过大洋的还是它们。"

很多人终其一生的努力，也未必能得到成功的回报，然而，他们却无憾无悔于生命。因为他们从未慵懒过，且一刻也不撒手地抓牢了春藤般的年轻岁月。

人的成长是一个漫长的较量，能否取得最后的胜利，不在于一时的快慢。如果你能够在自己成长的道路上静下心来，遇到困难不气馁、不灰心，矢志不移地前进，那么你必将获得最后的胜利。

✴ 自省拭心心自明

古语道：学无止境。

"子曰：学如不及，犹恐失之。"真正为学问而学问，就会永远觉得自己还不够充实，还有许多进步的空间。

南怀瑾告诫我们，求学问要随时感觉到不充实，以这样努力的求学精神，还怕原有的学问修养会退失，如果没有这样的精神，懂了一点就心满意足，则会很容易退步。（注：本段主旨源自《论语别裁》）

梁启超是中国近代著名的学者和社会活动家，1920年以后他退出了政治舞台，专心致力于学术研究，在社会科学的众多领域里，都取得了令人刮目的成就。但梁启超的朋友周善培曾直言不讳地批评他的文章。周善培说："中国长久睡梦的人心被你一支笔惊醒了，这不待我来恭维你。但是，写文章有两个境界，第一步你已经做到了，第二步是能留人。司马迁死了快两千年，至今《史记》里的许多文章还是百读不厌。你这几十年中，写了若干篇文章，你想想看，不说读百回不容易，就是使人能读两回三回的能有几篇文章？"

中国长久睡梦的人心被你一支笔惊醒了，这不待我来恭维你。但是，写文章有两个境界……

　　梁启超听了这么刺耳的话，犹如挨了当头一棒。但他毫不生气，而且很虚心地向老朋友请教："你说文章怎样才能留人呢？"周善培很认真地回答："文章要留人，必须要言外有无穷之意，使读者反复读了又读，才能得到它的无穷之意，读到九十九回，无穷的还没有穷，还丢不下，所以才不厌百回读。如果一篇文章把所有意思一口气说完了，自己的意思先穷了，谁还肯费力再去搜求，再去读第二回呢？文章开门见山不能动人，一开门就把所有的山全看完，里面没有丘壑，人自然一看之后就掉头而去，谁还会入山去搜求丘壑呢？"梁启超觉得周善培分析得透彻精当，很有见地，击中了自己文章的要害，所以，他连声称谢，虚心接受。从此，梁启超写文章更加精益求精，下了一番工夫，果然从中受益匪浅。

学习如逆水行舟，不进则退。只有虚心学习，不断地充实自己，才能够精益求精，不断进步。如果只是粗通了一点皮毛就骄傲自满，只会阻碍自己前进的步伐。

子夏曰："日知其所亡，月无忘其所能，可谓好学也已矣！"南怀瑾解释子夏对"好学"的理解时说，每个人都有自身缺乏的东西，一个人应该每天反省自己所欠缺的，切忌认为自己有了一点知识就自满自足。人们必须每天补充自己所没有的学问，日积月累，持之以恒，月月温习以往的知识，不忘记所学的，这样才算是真正的好学。

自省拭心心自明，每个人都应对自己有个明确的了解，每日三省自身，找出自己欠缺的东西。通常人们都会犯自满的错误，在自己到达一定程度时总以为自己已无人能及，但当你静下心来走出自己设定的藩篱，便会达到一个新的高度。站得越高，越会感到自我的渺小。

南隐是日本明治时代著名的禅师，他的一杯茶的故事常常为人所津津乐道。一日，一位大学教授特地来向南隐问禅。南隐以茶水招待，他将茶水注入这个访客的杯中，杯满之后他还继续注入，这位教授眼睁睁地看着茶水不停地溢出杯外，直到再也不能沉默下去了，终于说道："已经满出来了，不要倒了。"南隐意味深长地说："你的心就像这只杯子一样，里面装满了你自己的看法和主张，你不先把自己的杯子倒空，叫我如何对你说禅？"

"满招损，谦受益"是古圣先贤留给后人的一句可以千年护身的箴言。谦恭有礼、虚怀若谷，好比打开心灵之门，能迎来更广阔、更完美的人生境界。虚怀若谷，不仅是佛学的禅义，更是人生的至理名言。心太满，什么东西都进不去；心不满，才能有足够的充实空间——这便是"学如不及，犹恐失之"的真义。

五

义气如虹大丈夫

　　真正的大丈夫，是一个真实面对自己、面对他人的人，他反对一切虚伪掩饰，是能光明磊落面对世间的勇者。

✳ 侧身而过，窄路间的通行诀窍

中国人时常讲"道德"二字，然而它的真正含义又是什么，很少有人能清晰地去描绘。大多数人认为，能够使人类幸福而逐渐约定俗成的一些行为规范就是"道德"了。从中可以看出，道德存在着一种界限，只有大多数人认可的才可以称为道德，只令少数人感到快乐的行为规范，并不能称为道德。南怀瑾曾说，"德厚信矼"是人很容易犯的毛病，受了教育有了知识，人们就会把道德的规范看得很严重，把自己以为是道德的东西，固执地抓得很牢，但是他自己以为的道德，往往很可能是错误的。许多人的道德修养很好，方正刚强，觉得道德是不能碰的，却未到达通人气的程度，也就是对人生的气味、生命的气息一无所知，即不通人情，不懂得做人的道理。空有一肚子仁义礼智信而毫无人情味，就算他的心中藏有万千道德规范的条款，也会是个愚钝无味的人，孔子的弟子颜回就是如此。

颜回是孔子的得意门生，"一箪食，一瓢饮，在陋巷，人不堪其忧，回也不改其乐。"南怀瑾在此勾勒了一幅恩师教学图，却借孔子的嘴说出了自己的观点：一个人自己认为学问好，为人方正，倔强自信，但是此人实在不通人情世故，他虽然"名闻不争"，可是"未达人心"，就这样突然跑去以仁义道德教化别人，勉强用"仁义绳墨之言"暴露他人的缺点错误，无疑是让他人难堪，而没有让别人受到教育。

因此应当谨记"人微言轻"。如果自己没有知名度，劝言就会变得没有分量，这也是人情世故的一种。南怀瑾认为，为人处世是一门高深的艺术，但大多数人却一生也没有办法领悟，无论贫富、年龄、学历，"未达人气"的随处可见，名人也不免于此。

闻一多先生在20世纪30年代到清华大学执教前，在与人交往方面走过弯路，受到过挫折。他于1925年5月回国，暑假后就任北京艺术专科学校教务长。他开始时热情极高，全力以赴地工作。但由于他只有诗人的热情，没有行政工作者的练达，很快就遭到了中伤和诽谤。他于是"愤而南归"，连衣物、书籍都没有带走。1927年秋，第四中山大学成立时，聘他去担任外文系主任。但他还是不能适应环境，不久又离开了。他在一首诗里写道："我挂上一面豹皮的大鼓，我敲着它游遍了一个世界……我战着风涛，日暮归来，谁是我的家？"1932年秋，闻一多应清华之聘，任中文系教授。这时他的思想感情十分痛苦。他在给朋友的信里说："我现在最痛苦的是发现了自己的缺陷，一种最根本的缺陷——不能适应环境……"1933年春，应届毕业年级请他为纪念册题词，他以《败》为题，信笔挥就了一篇文字。随后，总结过去"败"的经验教训和任教的需要，闻一多决心改走一条学者的道路，他把它叫做"向内走的道路"。他拟订了一个庞大的研究古典文学的计划，决心在这方面有一番作为和突破，他说："……向外发展的路既走不通，我就不能不转向内走。"于是，他在教学之余，便把自己关在书斋里完成他那庞大的计划，过起"隐士"的生活来。

在当时的环境，闻一多改走一条"向内走的道路"，过与世隔绝的隐士生活，实在是无奈之举。不谙世事，不通人情，的确是一种"败"。不能融入环境，便要忍受寂寞，孤军奋战，生活在痛苦中。其实，不要偏执，一切看开，心胸放宽，包容万物，一个人自然能够融入世间游刃有余，要知道有了"容"，才有"融"。人间真正的快乐，不是自己能够创建的，即使是"向内走"，也要懂得与人相处，懂得给予，只有这样才能拥有快乐。

一位十六岁的少年去拜访一位年长的智者。他问："我如何才能变成一个自己愉快、也能够给别人愉快的人呢？"智者笑着望着他说："孩子，在你这个年龄有这样的愿望，已经是很难得了。很多比你年长的人，从他们问的问题本身就可以看出，不管给他们多少解释，都不可能让他们明白真正重要的道理，就只好让他们那样好了。"

少年满怀虔诚地听着，脸上没有流露出丝毫得意之色。智者说："我送给你四句话。第一句话是，把自己当成别人。你能说说这句话的含义吗？"少年回答说："是不是说，在我感到痛苦忧伤的时候，就把自己当成别人，这样痛苦就自然减轻了；当我欣喜若狂之时，把自己当成别人，那些狂喜也会变得平和中正一些？"智者微微点头，接着说："第二句话，把别人当成自己。"少年沉思一会儿，说："这样就可以真正同情别人的不幸，理解别人的需求，并且在别人需要的时候给予恰当的帮助？"智者两眼发光，继续说道："第三句话，把别人当成别人。"少年说："这句话的意思是不是说，要充分地尊重每个人的独立性，在任何情形下都不可侵犯他人的核心领地？"智者哈哈大笑："很好，很好。孺子可教也！第四句话是，把自己当成自己。这句话理解起来太难了，留着你以后慢慢品味吧。"少年说："这句话的含义，我是一时体会不出。但这四句话之间就有许多自相矛盾之处，我用什么才能把它们统一起来呢？"智者说："很简单，用一生的时间和经历。"少年沉默了很久，然后叩首告别。以后，少年变成了壮年人，继而又变成了老人。再后来在他离开这个世界很久以后，人们都还时常提到他的名字。人们都说他是一位智者，因为他是一个愉快的人，最重要的是他也给每一个见到过他的人带来了愉快。

第二句话，把别人当成自己。

这样就可以真正同情别人的不幸，理解……

第三句话，把别人当成别人。

这句话的意思是不是说，要充分地尊重……

很好，很好。孺子可教也！第四句话是，把自己当成自己。

这句话的含义，我是一时体会不出。但这四句话之间就有……

因为给予，使人铭记。少年能够成为智者，在于他在探索人际相处模式的过程中熟谙给予对方足够尊重和腾挪空间的道理。所以南怀瑾才说，人生不是平坦大道，处世不能全凭自我。"径行窄处，留一步与人行；滋味浓时，减三分让人尝。"时时刻刻懂得与别人分享，把握好自己的平衡，也令对方心感平衡，这就是大德了。切记"莫把真心空计较，唯有大德享百福"。抛开自己的各种固执和坚持，内心深处即是大海，幸福的感觉自会油然而生。

✳ 正气长存，则清风浩荡

南怀瑾在《原本大学微言》中提到，南北朝之前的中国历史，有很多记载是关于英雄和名士的，这些人都是真正的大英雄、大豪杰，他们肝胆侠义，风流倜傥，一般都是性情中人。（注：本段主旨源自《原本大学微言》）

真正的英雄和名士身上都具有某种相同的东西，那就是孟子所说的"浩然正气"。何为"浩然正气"呢？其实就是至大至刚的昂扬正气；

是以天下为己任、担当道义、无所畏惧的勇气；是君子立于天地之间、无所偏私的光明磊落之气。这三"气"构成了浩然之气。这种浩然正气体现了一种伟大的人格精神之美。中国历史上具有一身浩然正气的英雄有很多，文天祥就是其中之一。

　　文天祥本来是个文官，可为了反抗元军的入侵，保卫家国，他勇敢地走上了战场。那时元军派出大军，要消灭南宋，文天祥听到消息后，拿出自己的家产，招募了三万壮士，组成义军，抗元救国。有人说："元军那么多，你只有这些人，不是虎羊相拼吗？"文天祥则说："国家有难而无人解救是令我心痛的事。我力量虽然单薄，但也要为国尽力！"

　　后来，南宋的统治者投降了，文天祥仍然坚持抗元。他对大家说："救国如救父母。父母有病，即使难以医治，儿子还是要全力抢救啊！"不久，他兵败被俘，坚决不肯投降，还写下了有名的诗句："人生自古谁无死，留取丹心照汗青。"表明自己坚持民族气节至死不变的决心。他拒绝了蒙古人的多次劝降，最终舍身报国，慷慨就义。

文天祥以身殉国，表现出了"富贵不能淫，贫贱不能移，威武不能屈"的傲然品格，终如其诗中所说，"一片丹心照汗青"。从此，中国历史上多了一位可以大书特书的"善养浩然正气"的英雄。

浩然正气是人的精神"脊梁"，是抵御歪风邪气的"屏障"。正气长存，则邪气却步、阴霾不侵；正气长存，则清风浩荡、乾坤朗朗。在佛家，也有身怀浩然正气的豪杰。

鲁智深，人称"花和尚"，是小说《水浒传》中的重要人物，梁山一百单八将之一，姓鲁名达，出家后法名智深。

鲁达本在渭州小种经略相公手下当差，任经略府提辖。为救弱女子金翠莲，他三拳打死了"镇关西"，被官府追捕，逃亡途中，经赵员外介绍，到五台山文殊院落发为僧，智真长老说偈赐名曰："灵光一点，价值千金。佛法广大，赐名智深。"智深在寺中难守佛门清规，大闹五台山，智真长老只得让他去投东京汴梁大相国寺，临别时赠四句偈言："遇林而起，遇山而富。遇水而兴，遇江而止。"

鲁智深在相国寺看守菜园，收服众泼皮，倒拔垂杨柳，偶遇林冲，结为兄弟。林冲落难，刺配沧州，鲁智深一路暗中保护。在野猪林里，解差董超、薛霸欲害林冲，鲁智深及时出手，救了林冲一命，此后一直护送至沧州七十里外。智深因而为高俅所迫，再次逃走江湖。

后来鲁智深成为梁山一百单八将中的一名。排定座次位列十三，在战斗序列中为步军头领之首。不久，宋江在《满江红》词中流露出招安之意，武松、李逵不快。鲁智深说："只今满朝文武，俱是奸邪，蒙蔽圣聪。就比俺的直裰，染做皂了，洗杀怎得干净？招安不济事，便拜辞了，明日一个个各去寻趁罢。"

只今满朝文武，俱是奸邪，蒙蔽圣聪……

宋江等受招安后，鲁智深陪同宋江，重上五台山，参礼智真长老。师父说："徒弟一去数年，杀人放火不易！"临别时再赠四句偈言："逢夏而擒，遇腊而执。听潮而圆，见信而寂。"后来，宋江征方腊，大战乌龙岭。鲁智深追杀夏侯成，却迷路入深山，得一僧指点，从缘缠井中解脱，生擒方腊。宋江大喜，劝智深还俗为官，荫子封妻，光宗耀祖。智深说："洒家心已成灰，不愿为官，只图寻个净了去处，安身立命足矣。"宋江又劝他住持名山，光显宗风，报答父母。智深说："都不要！要多也无用。只得个囫囵尸首，便是强了。"宋江等凯旋，夜宿杭州六和寺。智深听得钱塘江潮信，终于顿悟，于是沐浴更衣，圆寂涅槃，留颂曰："平生不修善果，只爱杀人放火。忽地顿开金绳，这里扯断玉锁。咦！钱塘江上潮信来，今日方知我是我。"

鲁智深是一个性情中人，他敢作敢为，直来直去，他最终能够成佛，也是一种必然。

修佛但求坦荡，凡事只要问心无愧，光明磊落，便没有什么可畏惧的，这本身就是一种浩然之气。

人总有一天会走到生命的终点，金钱散尽，一切都如过眼云烟，只有精神长存世间，所以，人生追求的应该是一种境界。修身养性，做上品人，一生以养浩然正气为人格修养的大目标，也许下一位圣人就在这种修养过程中渐渐浮出历史水面了。

✴ 用理智的缰绳驾驭情感

我们生活在这个世界上，或情感，或理智，因此也有了不同的悲欢离合。但当衡量情感与理智哪个更重要时却让人难以判断。情感是我们生命欢快的主要内容，我们生活的圈子里有友情、亲情、爱情，如果没有了这些，我们的生活也不会好过。但情感的重要性只能是对内在世界而言的。对外在世界而言，理智更重要，理智让我们在人生航船中不至于迷失方向，它是我们与动物区别的根本特征。

但情感与理智又必须相互联系并统一于一体。南怀瑾告诫我们，只有培养内心的品德，用理智控制情感，拥有明辨是非的智慧，才能做到先事后得，做事从容。哲人说情感是水，理智是堤坝，人不能没有情感，但情感要受理智制约，否则便会如洪水一般泛滥。

诸葛亮是人们眼中的"智绝"，这样神一般的男子也曾因为情感蒙蔽了理智，结果导致用人不当、痛失街亭。

对马谡其人，有着知人之明的刘备曾交代诸葛亮说："马谡言过其实，不可大用。"马谡是荆州人氏，与诸葛亮是老乡，两人关系非常好。诸葛亮和马谡之间的感情很深，马谡曾说："丞相视某如子，某以丞相为父。"因为感情起作用，诸葛亮将镇守军事要地街亭的重任交给了马谡，忘记了刘备死前的叮嘱。

马谡到达街亭后，不按诸葛亮的指令依山傍水部署兵力，反而骄傲轻敌，自作主张地将大军部署在远离水源的街亭山上。当时，副将王平提出："街亭一无水源，二无粮道，若魏军围困街亭，切断水源，断绝粮道，蜀军则不战自溃。请主将遵令履法，依山傍水，巧布精兵。"马谡不但不听劝阻，反而自信地说："马谡通晓兵法，世人皆知，连丞相有时都得请教于我，而你王平生长戎旅，手不能书，知何兵法？"接着又洋洋自得地说："居高临下，势如破竹，置死地而后生，这是兵家常识，我将大军布于山上，使之绝无反顾，这正是制胜之秘诀。"王平再次谏阻："如此布兵危险。"马谡见王平不服，便火冒三丈说："丞相委任我为主将，部队指挥我负全责。如若兵败，我甘愿革职斩首，绝不怨怒于你。"王平再次义正词严："我对主将负责，对丞相负责，对后主负责，对蜀国百姓负责。最后恳请你遵循丞相指令，依山傍水布兵。"马谡固执己见，将大军布于山上。

魏明帝曹睿得知蜀将马谡占领街亭，立即派骁勇善战、曾多次与蜀军交锋的大将张郃领兵抗击。张郃进军街亭，侦察到马谡舍水上山，心中大喜，立即挥兵切断水源，掐断粮道，将马谡部围困于山上，然后纵火烧山。蜀军饥渴难忍，军心涣散，不战自乱。张郃带领军队乘势进攻，蜀军大败。马谡失守街亭，战局骤变，迫使诸葛亮退回汉中。

诸葛亮总结此战失利的教训，痛心地说："用马谡错矣。"为了严肃军纪，诸葛亮下令将马谡革职入狱，斩首示众。临刑前，马谡上书诸葛亮："丞相待我亲如子，我待丞相敬如父。这次我违背节度，招致兵败，军令难容，丞相将我斩首，以诚后人，我罪有应得，死而无怨，只是恳望丞相以后能照顾好我一家妻儿老小。这样我死后也就放心了。"诸葛亮看罢，百感交集，老泪纵横，要斩掉曾为自己十分器重赏识的将领，心如刀绞；但若违背军法，免他一死，又将失去众人之心，无法实现统一天下的宏愿。于是，他强忍悲痛，让马谡放心去，自己将收其儿为义子。而后，全军将士无不为之震惊。

诸葛亮斩掉马谡后，深悔自己感情用事，导致街亭失守。于是，以用人不当为由，请求自贬三等。

感情用事的人都会丧失许多东西，如何才能用理智的缰绳驾驭情感，在情感和理智间寻求平衡呢？方法是以情做人，以理做事。理智与情感，是人生最难做的一道题。用感情覆盖理智是幼稚，完全理智是空谈，成熟的标志是把两者分开。可以用感性去看问题，但是必须用理智去解决问题。

理智一旦与情感相悖，不是将心灵撕碎，就是让心灵窒息。两者和谐一致才能造就伟大的心灵。

✳ 无愧人生的底色

这也许只是战国时代一个普通的日子，云淡风轻。孟老夫子的马车驰骋在前往齐国的路上，碰巧路遇弟子充虞，师徒对话间，孟子的一句"如欲平治天下，当今之世，舍我其谁也"，如一股浩然正气奔涌而出，瞬间便"沛乎塞苍冥"。正是这股浩然正气使孟子不与混乱的现实环境妥协，始终坚持自己的理想和人格，成为顶天立地的大丈夫。

南怀瑾也承认，像孟子这样的圣人，并不是不懂得怎样去"阿意苟合"，向时代风气妥协，以便获取利益。他实在"非不能也"，而是不肯为也。坚守自己的良知，宁可为正义穷困受苦，也不愿苟且现实，追求那些功名富贵。这就是圣人人格。子曰：富而可求也，虽执鞭之士，吾亦为之；如不可求，从吾所好。孔子所谓的求，不是"努力去做"的意思，而是"想办法"，如果是违反原则求来的，那是不可以的。南怀瑾指出，孔子认为一个人做什么并不重要，关键在于他能否坚持自己内心的良知，一个品性正直的人，无论在什么时候，都不会违背自己的良知。

在美国南北战争的一场战役中，南方奴隶主率领的军队把萨姆特堡包围了。北方军队的一个陆军上校接到命令，让他保护军用的棉花，他接到命令后对他的长官说：

我不会让任何一袋棉花丢失的。

没过多久，美国北方一家棉纺厂的代表来拜访他，说："如果您手下留情，睁一只眼闭一只眼，您就将得到5000美元的酬劳。"

上校痛骂了那个人，把厂长和他的随从赶了出去，说："你们怎么会有这么卑鄙的想法？前方的战士正在为你们拼命，为你们流血，你们却想拿走他们的生活必需品。赶快给我走开，不然我就要开枪了。"那个厂长见势不妙，灰溜溜地逃走了。

战争为南北两地的交通运输带来了阻碍，许多南方农场主生产的棉花运不到北方，因此，又有一些需要棉花的北方人来拜访他，并且许诺给他1万美元的酬劳。

上校的儿子生了重病，已经花掉了家里的大部分积蓄，上校知道这1万美元对于他来说就是儿子的生命，有了钱，儿子就有救了，可他还是像上次一样把贿赂他的人赶走了。因为他已经向上司保证过——不会让任何一袋棉花丢失。

又过了不久，第三拨人来了，这次给他的酬劳是2万美元。上校这一次没有骂他们，很平静地说："我的儿子正在发烧，烧得耳朵听不见了，我很想收这笔钱。但是我的良心告诉我，我不能收这笔钱，不能为了我的儿子害得十几万士兵在寒冷的冬天没有棉衣穿，没有被子盖。"

我的儿子正在发烧，烧得耳朵听不见了，我很想收这笔钱。但是……

那些来贿赂他的人听了，对上校的品格非常敬佩，他们很惭愧地离开了上校的办公室。后来，上校找到他的上司，对上司说："我知道我应该遵守诺言，可是我儿子的病很需要钱，我现在的职位又受到很多诱惑，我怕我有一天把持不住自己，收了别人的钱。所以我请求辞职，请您派一个不急需钱的人来做这项工作。"

他的上司非常赞赏他诚实正直的品格，最终批准了他的辞职申请，并且帮助他筹措了资金来支付医药费。

故事中的陆军上校是一名遵从自己良知的人。这样的人考虑别人多过考虑自己，他不会因为一些短浅的私利而违背自己的良知。他懂得士有所为，有所不为，知道什么该做，什么不该做。不该做的，就算是可以带来巨大的利益，也不会去做。虔诚守护良知的人，让世人敬重，如屈原、孟子、陶渊明、文天祥等，一世英名照汗青；抛掉良知的人，受世人唾骂，如秦桧、严嵩、慈禧、汪精卫等，遗臭万年遭唾弃。

南宋奸臣秦桧以"莫须有"之罪害死岳飞，为世代百姓所痛恨。人们在位于杭州的岳王庙内岳王墓前以铁铸成秦桧夫妇跪像，来表达对他们的愤恨。

话说有个姓秦的浙江巡抚，上任后见秦桧夫妇的跪像受辱，感到面目无光，想将铁像搬走。为避免激起民愤，他命人在夜间偷偷把铁像搬走，扔进西湖。不料，次日湖水忽然发生恶臭。由于岳王墓的奸像不翼而飞，百姓纷纷要求官府调查。不久，铁像竟然从湖底浮起。百姓将铁像捞起，放回岳王墓前，湖水又清澈如初，臭味全无了。百姓都认为是秦桧弄污了西湖。姓秦的巡抚见此情形，亦无可奈何。

后来有秦姓人做诗："人从宋后羞名桧，我到坟前愧姓秦。"秦桧就这样向罪恶交出了自己的人格，从此遗臭万年，永远被世人所唾弃。

良知，是无愧人生的底色。谁爱遗臭万年？想必只有那些没有良知、贪婪无耻之辈，而大多数人都想保持着清白的良心，屹立于天地间，问心无愧地过完此生，以求无憾。

✳ 尚"唯"避"阿"

在《道德经》中，老子曾经说过"绝学无忧。唯之与阿，相去几何？善之与恶，相去若何？人之所畏，不可不畏……"这是老子在讲到"绝学无忧"的学问时，提到的治学道德最高的修养境界。

这句话中的"唯"与"阿"两字，是指人们讲话时对人的态度，将二者译成白话，在语言的表达上都是"是的"。但同样一句话，"唯"是诚恳接受，"阿"是阿谀逢迎。虽然，有时说话需要婉转，但真理是没有讨价还价的余地的，唯唯诺诺实乃小人之举。南怀瑾告诫世人，老子说这些道理，并非教人们以尖刻的眼光专门去分析周围人的言行举止，不要误读了老子的苦心，处处吹毛求疵，应该反求诸己，时时警醒，学习真诚不佞的"唯"，避免虚伪造作的"阿"。

在这里，南怀瑾套用了《韩非子》里记载的两则有关阿谀奉承、献媚取宠的历史故事，借以警戒世人。

春秋时，晋楚鄢陵之战中，楚国大将子反出任中军统帅，酣战之际，口中干渴，想要喝水。子反平素嗜酒如命，身边的侍从竖毂阳知道他好杯中物，便乘机讨好他，奉上一大杯酒。子反见后，既高兴又担心，说了一句："嘻！拿下去吧，这是酒嘛。"竖毂阳不但不替换，还替他掩饰道："这不是酒。"子反将错就错顺势一饮而尽，竖毂阳又连续奉杯，使子反喝得酩酊大醉。结果由于子反指挥失误，楚师溃不成军，楚王也被晋军射伤了眼睛。楚王得知内情，勃然大怒，将子反斩首示众。与此相同的还有晋国大臣文子，文子嗜好声色玩物，其手下一个小官吏便处处投其所好，献媚取宠。文子喜欢音乐，他立即送上鸣琴；文子喜欢佩饰，他就奉上玉环。由于该小吏一味谄谀，助长了文子的恶习，结果文子被驱逐出宫。此二人皆是失足于身边人的阿谀奉承之中。

荀子说过："谄谀我者，吾贼也。"常言道：无事献殷勤，非奸即盗。话虽严厉，但不无道理。接受过多的阿谀奉承，往往使自己变得麻痹大意，对方必无好心。南怀瑾则从另一个角度阐释，为人处世一味地阿谀逢迎、虚伪造作，这种人也必不是好人，终将为人所不齿。花言巧语能为你带来什么，一时之间可能令你得到赏识，可是当你没有真材实料，不过是别人眼中的一只小蝇而已，入不了他人的眼，被人一巴掌拍死。所以无论做人还是学习，"阿"字诀是一定要扔的。

学习真诚不佞，避免阿谀献媚，历史上有一位标杆似的人物，即唐朝一代直臣魏征。在中国历史上，唐太宗无疑是最善于纳谏的封建帝王之一，而魏征也是最善于进谏和敢于进谏的名臣之一。

　　魏征喜逢唐太宗这一知己之主，竭诚辅佐，知无不言，言无不尽，加之性格耿直，往往据理力争，从不委曲求全，唯唯诺诺。一次，唐太宗向魏征问道："何谓明君、暗君？"魏征回答："君之所以明者，兼听也；君之所以暗者，偏信也。以前秦二世居住深宫，不见大臣，只是偏信宦官赵高，直到天下大乱以后，自己还被蒙在鼓里；隋炀帝偏信虞世基，天下郡县多已失守，自己也不得而知。"唐太宗对这番话深表赞同。

　　贞观元年，魏征被擢升为尚书左丞，有人奏告他私自提拔亲戚为官，唐太宗立即派御史大夫温彦博调查此事。结果查无实据，太宗派人转告魏征："今后要远避嫌疑，不要任人唯亲，以免惹出同样的麻烦。"魏征当即面奏说："我听说君臣之间，相互协助，义同一体。如果不讲秉公办事，只讲远避嫌疑，那么国家兴亡，或未可知。"并请求唐太宗要使自己做良臣而不要做忠臣。唐太宗问及忠臣和良臣的区别，魏征答道："使自己身获美名，使君主成为明君，子孙相继，福禄无疆，是为良臣；使自己身受杀戮，使君主沦为暴君，家国并丧，空有其名，是为忠臣。以此而言，二者相去甚远。"唐太宗听了也点头称是。

魏征进谏之时，常常不顾自己的实际利益乃至名誉性命，直言进谏，决不苟且偷安、沽名钓誉。魏征死后，唐太宗对他思念不已，曾对左右大臣言道："人以铜为镜，可以正衣冠；以古为镜，可以见兴替；以人为镜，可以知得失。魏征没，朕亡一镜矣！"然而，魏征又过于耿直，未能深谙"曲则全"的处世艺术，因此，即便被后世称为一代良臣名相，最终还是难逃晚年唐太宗的积恨爆发，墓碑被砸，一段君臣佳话以此为终，让人叹息。

读史学做人，我们可以从历史人物身上学到许多为人处世的道理。南怀瑾为此指点人们说，从进言的角度看，真诚不佞，即便点头称是，也不是唯唯诺诺；阿谀献媚，即便自作聪明的批评，也是虚伪的变相奉迎。从纳言的角度看，喜忠直，耳畔便多逆耳忠言；耳根软，听到的便多是献媚之词。由此可以看出，人们无论是为人、处世、治学、立家，即使高高在上或是沦为小小市民，都要妥善处理"唯"和"阿"的关系。如果有"唯"的真诚，不管学习还是生活都能"绝学无忧"；反之如果终日爱好"阿"，不管是被人吹捧还是吹捧别人，没多久就要出事，生活的忧虑就如滔滔江水，连绵不绝了。

✳ 海到低处深作"岸"

老子在提及万事万物的辩证两面之时讲到一句"高下相倾"。"高"与"下"的关系看似十分简单，实则却有深远的含义。在南怀瑾看来，高高在上，低低在下，表面看来，绝对不是齐一平等的，重点在相倾的"倾"字。天地宇宙，本来便在周圆旋转中，凡事崇高必有倾倒，复归于平。因此，高与下，本来就是通过相倾而自然归于平等的。即使不倾倒而归于平，在弧形的回旋律中，高下本来同归于一律，即佛法中所说"是法平等，无有高下"。这个道理说起来有些复杂且玄之又玄，但是生活中能够印证这个道理的例子却举不胜举。

中国南方苗家人的房屋建筑很有特点。一个不大的屋子里面可以有几十个房檐和门槛，平日里，苗寨里的乡亲们就背着沉甸甸的大背篓从外面穿过这些房檐和门槛走进来。虽然障碍如此之多，可从来没有人因此撞到房檐或者是被门槛绊倒，而外乡人初至，即使是空手走在这样的屋子里也会经常碰头跌跤。一位苗家老人常常告诫初来的外乡人，要想在这样的建筑里行走自如，就必须牢记：可以低头，但不能弯腰。低头是为了避开上面的房檐障碍，看清楚脚下的门槛。而不弯腰则是为了有足够的力气承担起身上的负担。

可以低头，但不能弯腰。
低头是为了避开……

　　老人的告诫又何尝不是对人生的形象比喻，苗家建筑好比人生，一路上充满了房檐和门槛，一个不大的空间里到处都是磕磕绊绊，而人们肩膀上那个沉沉的背篓里装满了做人的尊严。背负着尊严走在高低不同、起伏不定的道路上，必须时刻提防四周的危险，还要时刻提醒自己：头要低，腰须挺。低头是为了能看清自己的路，不会因太过骄傲而摔跟头；挺起腰是因为人格不能放下，唯有心灵坚韧者才能行得更远，肩负得更多。

　　一位闻名遐迩的日本画家每逢青年画家登门求教，总是很耐心地给人看画指点；对于有潜力的青年才俊，更是尽心尽力，不惜耗费自己作画的时间。当有人问起他为什么这么做时，他微笑着讲起了一个故事。

　　40年前，一个青年拿了自己的画作到京都，想请一位自己敬仰的前辈画家指点一下。那画家看这青年是个无名小卒，连画轴都没让青年打开，便推托私务缠身，下了逐客令。青年走到门口，转过身说了一句话：“大师，您现在站在山顶，往下俯视我辈无名小卒，的确十分渺小；但您也应该知道，我从山下往上看您，您同样也十分渺小！"说完转身扬长而去。青年后来发奋学艺，终于在艺术界有所成就，他时刻记得那一次冷遇，也时刻提醒自己，一个人是否形象高大，并不在于他所处的位置，而在于他的人格、胸襟和修养。

大师，您现在站在山顶，往下俯视……

　　的确，站在山顶的人和居于山脚的人，在对方眼中，同样渺小。高高的山峰终于被一群登山者踩在了脚下，举目四望，一切都离他们那么远。"你们看，山下的人都如蚂蚁一般！"其中一人兴奋地嚷着。"可是，他们也许根本就没觉着山上有人。"一位同伴在一旁轻轻地说。大家霎时冷静下来：是啊，巍峨的只是脚下的山峰，我们还和过去一样普通，并不因位置的升高而高大。

　　生活在世间的人不会因为地位的高低而在人格上有所差别，谁都不比他人差，只不过机遇不同造成的生存质量有所偏差，他们在人格上是平等的，这就是高、下在哲学意义上的平衡，这种平衡虽然存在有形的差别，但无形中却趋于统一。南怀瑾所说的高下，就是这个道理。他暗含的意义就是，人们不应当为自己身居高位而感到庆幸和骄傲，不可以高高在上俯视众生，因为在众生之中，你也很可能不为人知；而低低在下的人也不要为自己的身份感到悲哀，事实上只要经过努力，你很可能成为一个成功的人。说白了，就是人们既不要骄傲自满，也没必要妄自菲薄。

南怀瑾曾譬喻说："宇宙有多大多高？宇宙只不过五尺高而已！我们这具昂昂六尺之躯，想生存于宇宙之间，只有低下头来！"人生在世，有时顶天立地，孤傲不群，有如龙抬头、虎相扑；但有时也应虚怀若谷，有如龙退缩、虎低头。当进则进，当退则退；当高则高，当低则低。高下相倾，进退有据，才能独立于世。

唐朝一位布袋和尚曾写过这样一首诗：手把青秧插满田，低头便见水中天；心地清净方为道，退步原来是向前。波澜壮阔的大海之所以能够包容万物，笑纳百川，深远伟大，关键在于其位置最低。位置放得低，所以能从容不迫，能悟透世事沧桑。想要达到最高处，必须从最低处开始。

六

聪明难，糊涂亦难

大智若愚是一种难以达到的至高境界，自古以来"聪明反被聪明误"的人如过江之鲫，数不胜数，而大智若愚之人却少之又少。好自夸其才者，必容易得罪于人；好批评他人之长短者，必容易招人之怨，此乃智者所不为也。故智者退藏其智，表面似愚，实则非愚也，表面糊涂，实则精明也。

✳ 大智若愚，大巧若拙

如果总有人对你说："你真聪明。"请不要以为这是表扬的话。这句话反映的实质可能是你不够聪明，有的可能只是小聪明。别不服气，真正聪明的人是不会让人察觉到他的聪明的。这种人平时很容易被人忽略，或者让人感觉不到丝毫威胁，结果，任何好处都少不了他，可是你会觉得理所当然。

装笨、装糊涂的最高境界便是大智若愚。在南怀瑾看来，春秋时代卫国的大夫宁武子和清朝名士郑板桥就是深得"装笨"与"装糊涂"精髓的人。前者在国家政治走上正轨时，便把自己的智慧、能力发挥得淋漓尽致，在"邦无道"时，却表现得愚蠢鲁钝，好像什么都很无知。孔子给他下断语说："其知可及也，其愚不可及也。"宁武子那种聪明才智的表现，有的人还可做得到，但处于乱世那种愚笨的表演，却难望其项背。

郑板桥曾说过一句话，被后人视为至理名言："聪明难，糊涂亦难，由聪明而转入糊涂更难。放一着，退一步，当下心安，非图后来福报也。"装糊涂的人，并不是真正糊涂，而是把自己聪明的锋芒收敛起来，这种人看似糊涂实则聪明至极。而看似聪明的却常常聪明反被聪明误。正如他在给其弟的书信中说的："试看世间会打算的，何曾打算得别人一点，真是算尽自家耳。可哀可叹，吾弟识之。"

三国中的刘备深谙韬光养晦之道，连阴险狡诈的曹操都被他骗了。

刘备新败于吕布，暂时栖身于曹操处，曹操对刘备有戒心，于是备好青梅及煮酒请他来小酌，想借机考察一下他的志向。饭桌上，曹操问刘备当世有哪些英雄。刘备列举了袁术、袁绍、刘表、孙策等人，曹操都摇头否认。最后曹操用手指着刘备，又指指自己，说："现在天下能称为英雄的，只有你与我才是！"刘备听了以后，吃了一惊，手中所拿的筷子不知不觉落在了地上。这时正逢大雨要来了，雷声不断大响。刘备于是装作惊慌的样子，低头捡起筷子说："雷声一震，吓得我筷子掉了。"曹操笑着说："大丈夫也怕打雷吗？"刘备说："圣人也怕打雷，我怎么不怕呢？"巧妙地将曹操说的话用掉筷子的事掩饰过去。曹操于是就不怀疑刘备了。不久，刘备找机会逃离曹操的掌控，并最终形成了三国争霸的局面。

　　刘备一味装胆小、装糊涂，给曹操一个胸无大志、不可能有什么作为的印象，轻易骗过了曹操，后来成为曹操争霸事业中的强敌。

　　大智若愚是一种难以达到的至高境界，自古以来"聪明反被聪明误"的人如过江之鲫，数不胜数，而大智若愚之人却少之又少。好自夸其才者，必容易得罪于人；好批评他人之长短者，必容易招人之怨，此乃智者所不为也。故智者退藏其智，表面似愚，实则非愚也；表面糊涂，实则精明也。

✳ 慧眼识人，蕙质兰心

简单来说，人可以分为两种：一种是对自己有害的；一种是对自己无害的。对自己有害的人又可大体分为两类：一是伪君子；一是真小人。真小人并不可怕，这类人恶名外显，人们遇上了自然心生戒备。最可怕的是伪君子，这类人平时道貌岸然，做坏事时手法巧妙，让人不易察觉。

金庸的武侠小说《笑傲江湖》里有一个极其阴险的伪君子岳不群，这个人身处白道名门之中，受武林人士敬仰，有"君子剑"之称。平时做事滴水不漏，一副造福武林苍生的模样。实际上他不是守护武林的牧羊犬，而是一匹藏在羊群里的恶狼！这人阴谋夺取林平之的家传武学秘籍，不择手段陷害令狐冲，最后竟然泯灭人性地亲手刺死了自己的结发妻子。这等伪君子何其可怕！

中国有句古话：知人知面不知心，画龙画虎难画骨。现实世界虽然没有武侠小说中那么可怕的阴谋，但也有很多心怀恶意的伪君子。他们如同恶狼，披着羊皮，装成很无害的样子出现在我们身边，却趁我们无防备时对我们进行攻击、伤害和利用，这些人多外表恭顺，内心狡诈，或者当面一套背后一套。如何辨认出这种人？先贤们自有一套办法。

孔子观察人有三个要点，其一，"视其所以"——看他的目的是什么；其二，"观其所由"——看他的来源，整个行动的经过；其三，"察其所安"，再看看他平常做人是安于什么。南怀瑾认为以"视其所以，观其所由，察其所安"这三个要点来观察人，就很少有伪君子能逃过我们的慧眼。

"视其所以"，是指要了解一个人，就要看他做事的目的和动机——动机决定手段。易牙为篡权而杀子做汤取悦于齐桓公。齐桓公被易牙的所谓忠诚而感动，结果落了个死无葬身之地。

"观其所由"，就是看他一贯的做法。君子也爱财，但君子和小人不同，小人可以偷，可以抢，可以夺，甚至杀人越货；君子却做不来，即使财如同身旁的鲜花可以随意采撷，他也要考虑是不是符合道。有时候不在乎做什么、做多大、做多少，而要看他怎么做，官做得大，却是行贿得来的，钱赚得多，却是靠坑蒙拐骗得来，那也为人所不齿。

"察其所安"，就是说看他安于什么，也就是平常的涵养。比如浮浮躁躁，比如急功近利，比如一有成绩就自视甚高、目中无人，比如一遇挫折就垂头丧气、怨天尤人等，都是没有涵养的表现。这样的人最易折，做事有可能半途而废，交友有可能背信弃义。只有踏实安静的人才能威临世界，而不被身外之物所迷惑。

用这三点去识人，又怎能不把人看明白呢？除了孔子之外，孟子也曾经用这三点相过人。

魏国的新王襄王即位了，第一次召见孟子，关于两人见面谈话的情形和内容，没有客观的直接记述，只说孟子见过襄王以后，出来对别人说："这位新王，给人的第一印象，不像个国王。"孟子又补充一句说："等到接近他时，再仔细看看，他一点谦虚之德都没有，一点恐惧戒慎的心情也没有。"

南怀瑾说，越是有德的人，当他的地位越高，临事时就越是恐惧，越是小心谨慎。当时的魏国，强邻环伺，四面受敌，败仗连连，国势不振，襄王应该知道国君之难当。然而，他没有丝毫的诚惶诚恐，反而志得意满，怪不得孟子说他看上去不像一国之主呢！（注：本段主旨源自《孟子旁通》）

"害人之心不可有，防人之心不可无。"世界上善恶是并存的，没有善良，又哪里显得出罪恶呢？所以，要以平和的心态去面对社会中的欺诈、险恶，自己可以是一只羊，因为社会上很多人都是无害的绵羊。但是，自己要有一颗能看透伪装的蕙质兰心，不要被狡猾的狼所欺骗。

✳ 花开堪折直须折，莫待无花空折枝

读过《红楼梦》的很多人同情喜爱林黛玉，讨厌薛宝钗。但是，无论如何，薛宝钗都是个很有魅力的人物。这个人，即使你再讨厌她，也不得不佩服她。她的圆滑、她的机智、她的手腕，都非常人所能及。她有一首极其大气的诗句，其中两句是："好风凭借力，送我上青云。"

人们常说，"机不可失，时不再来"。"好风"往往是人生中突然出现的机会，倘若能把握住，命运的风筝就会翱翔在天空之上。如果失去，便只好挂于墙角，逐渐沾上灰尘，失去与蓝天共舞的机会，走上一条沉寂之路。

南怀瑾读到《论语·乡党》时曾形象地解释，孔子指着那山冈上美丽的雌雉对子路说："时哉！时哉！"意思是说，你看，那只雌雉在这个时候正好飞起来，然后又降落在那么一个好地方，这一幕画面，影射了人生处世之理。不用语言，就用目前这个事实指示给子路，要立足、

站稳、站得好，早一点站到你的好位置。"时哉！时哉！"要把握时机。（注：本段主旨源自《论语别裁》）

在时机不对、机遇不佳的时候，要沉住气，耐住性子，慢慢去寻找一个适于自己发展的环境，切不可操之过急。有些人急于表现自己，不管遇到什么事情，都想参与一下，结果自己的能力非但没有得到完全展现，还让别人误以为自己是个华而不实的人。

中国古代的谋臣贤士，都讲究选择贤主，如果时机不对，没有碰到自己想辅佐的人，就算是重金礼聘，待遇优厚，他们也会拒绝的；如果赶上好时机，碰到心中的明主，他们便会牢牢抓住，做出一番伟业来。

前秦著名的政治家王猛就是一个善于把握时机的人。王猛本来是个汉族的知识分子，年轻时，曾到过后赵的都城——邺城，这里的达官贵人没有一个瞧得起他，唯独有一个叫徐统的人，认为他是一个了不起的人物。因此，徐统便邀请他担任功曹的职务，可王猛不仅不答应徐统的召集，反而逃到西岳华山隐居起来。因为他认为自己的才能不应该只干功曹之类的事，而应是帮助一国的君王干大事，所以他暂时隐居山中，看看社会风云的变化，等候时机的到来。

公元354年，东晋的大将军桓温带兵北伐，击败了苻健的军队，把部队驻扎在灞上。王猛前去求见。桓温问王猛说："我遵照皇帝的命令，率领十万精兵凭着正义来讨伐逆贼，为老百姓除害，可是，关中豪杰却没有人到我这里来效劳，这是什么缘故呢？"王猛直言不讳地回答道："您不远千里来讨伐敌寇，长安城近在眼前，您却不渡过灞水去把它拿下来，大家摸不透您的心思，所以不来。"

　　王猛的话正好击中了桓温的要害。桓温的心思实际上是：自己平定了关中，只得个虚名，而地盘却归于朝廷，与其消耗实力为他人作嫁衣，还不如拥兵自重，为自己将来夺取朝廷大权保存力量。意识到了王猛是一位极其出色的人才，桓温便送给王猛漂亮的车子和优等马匹，又授予王猛高级官职"都护"，请王猛一起南下。但王猛拒绝了桓温的邀请，继续隐居华山。这次拜见桓温，他本来是想出山显露才华，干一番事业的，但最后还是打消了这个念头。因为他在考察桓温和分析东晋的形势之后，认为桓温怀有篡权的野心，却未必能够成功，自己投奔到桓温的门下，很难有所作为。

自己平定了关中，只得个虚名，而地盘却归于朝廷……

桓温退走的第二年，前秦的苻健去世。继位的是中国历史上有名的暴君苻生。苻健的侄儿苻坚想除掉这个暴君，于是广招贤才，以壮大自己的实力。他听说王猛不错，就派当时的尚书吕婆楼去请王猛出山。

苻坚与王猛一见面就像知心的老朋友一样，他们谈论天下大事，双方意见不谋而合。苻坚觉得自己遇到王猛好像遇到了知音；王猛觉得眼前的苻坚才是值得自己一生效力的对象。于是，他十分乐意地留在了苻坚的身边，积极为他出谋划策。

公元357年，苻坚一举消灭了暴君苻生，自己做了前秦的君主，而王猛成了中书侍郎，掌管国家机密，参与朝廷大事。王猛36岁时，因为才能突出，精明能干，一年之中，连升了5级，成了前秦的尚书左仆射、辅国将军、司隶校尉，继续为苻坚治理天下出谋划策，干出了一番轰轰烈烈的大事业，成为中国封建社会杰出的政治家。

王猛精彩的一生要归功于他旷世的才华，但是和他善于把握时机、慧眼识君的才能也是分不开的。人之一生，个人小事也好，国家大事也罢，都要把握时机与环境。天下万事万物都在变，时间一分一秒在变，空间随时随地在变，人要懂得把握时间和空间中隐藏的机遇，这样才能更好地立于天地间。

人生没有同样的机会。错过这次，可以等下一次，但下一次毕竟不同于前一次。然而，无论如何，有飞翔的机会总是不错的。有时候，因为自己没有把握好，使机会从手边悄然溜走，那也不必太过于懊悔。毕竟，上帝在关上一扇门的同时，会再打开一扇窗户。

✳ 意有所至而爱有所亡

世间最难揣摩的就是人心，人性丛林中有许多忌讳，一不小心便会跌入失败的陷阱，与人相处的学问一生也学不尽。

南怀瑾在讲解《庄子》时，强调了其中的一句话，"意有所至而爱有所亡"。南怀瑾说这句话其实是在讲做人的道理。任何一个人，都有自由的意志，他爱好的就是那一点，专注在那一点的时候，什么也无法改变。一个人入迷的时候，你要劝他"回头是岸"，难上加难。所以，明知道你爱他，有时候他出于自己的利益需要，就会忘记你是为他着想。南怀瑾最后总结，因此人与人之间很难相处，无论夫妻、父母、兄弟还是朋友，总是"意有所至而爱有所亡"。

一只老山羊在小河边碰到一只小鸟在饮水，便说："你只顾在这里喝水，却完全不知道提高警惕，如果狐狸过来，你的小命儿就会丢掉。"然后，又严肃地讲了许多道理。小鸟笑着表示接受。但老山羊一走开，小鸟就对身边的蚂蚁说："依仗胡子长冒充懂道理，去年，它的孩子还不是在这里让狼给吃了！"

老山羊的好心并没有得到好报，为什么？因为，某些时候，不管出于什么心态，也不管你的意见是对是错、是好是坏，一旦你主动提出来，你就犯了人性丛林里的忌讳，要知道："意有所至而爱有所亡"。

每个人都在努力建立一个坚固的自我，以掌握对自己心灵的自主权，并经由外在的行为来检验自我坚固的程度。你若不了解此点，揭露了别人的错误，他就会明显地感觉自我受到了侵犯，有可能不但不接受你的好意，反而还会采取不友善的态度。虽然，他内心明白，你的建议是为他着想，然而怒气上来头脑一热，想到的便只有坏处了。

庄子曾经看着围着茅屋飞进飞出的燕子，说道：鸟都怕人，所以巢居深山、高树，以免受到伤害。但燕子很特别，它就住在人家的屋梁上，却没有人去害它，这便是处世的大智慧。人类见着鸟举枪便射，却对身边萦绕的燕子视而不见。燕子的叫声可谓婉转，却没有一个人将燕子放到笼子里，以听它的叫声取乐。燕子的智慧的核心是什么？那就是"距离"。

人类是一种你不能离他太远、又不能离他太近的动物。比如珍禽猛兽害怕人，躲得远远的，人便结伙去深山猎捕它们，这是因为离人类太远；家畜因完全被人豢养和左右，人便可随意杀戮，这是因为离人类太近，近得没有了自己的家园。只有燕子看懂了人类，摸透了人类的脾气，又亲近人又不受人控制，保持着自己精神的独立，于是人便像敬神一样敬着燕子。有时，人要从燕子身上学学揣摩人心之道。

或许有人会以为懂得"意有所至而爱有所亡"之妙只会让人变得狡诈奸猾，不坚持方正之道了，其实不然，人心难测，要想自在做人，必须了解人性与现实。即便身边的人知道你是在为他好，也会在一时的冲动下误会你的好意。

在人性丛林中要小心行走，不要无意中得罪了他人却不自知，学会像外交家一样为人处世，不是教你诈，而是教你看清世事与人心。

✳ 高明处在于给人留颜面

能给别人留面子是与朋友相处时的一个重要技巧。人都爱面子，你给他面子就是给他一份厚礼。有朝一日你求他办事，他自然要"给回面子"，即使他感到为难或感到不是很愿意。这，便是操作人情账户的全部精义所在。

永远记住一个物理反应：一种行为必然引起相对的反应行为。只要你有心，只要你处处留意给人面子，你将会获得天大的面子。

古代有位大侠名叫郭解。有一次，洛阳某人因与他人结怨而心烦，多次央求地方上有名望的人士出来调停，对方就是不给面子。后来他找到郭解门下，请他来化解这段恩怨。

郭解接受了这个请求，亲自上门拜访委托人的对手，做了大量的说服工作，好不容易使这人同意了和解。照常理，郭解此时不负人托，完成这一化解恩怨的任务，可以走人了，可郭解还有高人一着的棋。

把一切都讲清楚后，他对那人说："这件事，听说过去有许多当地有名望的人调解过，但因不能得到双方的共同认可而没能达成协议。这次我很幸运，你也很给我面子，我了结了这件事。我在感谢你的同时，也为自己担心，我毕竟是外乡人，在本地人出面不能解决问题的情况下，由我这个外地人来完成和解，未免使本地那些有名望的人感到丢面子。"他进一步说："请你再帮我一次，从表面上要做到让人以为我出面也解决不了问题。等我明天离开此地，本地几位绅士、侠客还会上门，你把面子给他们，算作他们完成此一美举吧，拜托了。"

人们总是尽其全力来保持颜面，为了面子问题，可以做出有悖常理的事。在知道人们是如何地注重面子之后，应尽量避免在公众场合使你的朋友难堪，可以的话，倒不妨趁势送朋友一份面子厚礼。郭解的行为看似多此一举，实则不然。如果我们以小人之心来猜测一下，我们不妨往下分析。第一，他帮过的这个人，一定对郭解是深感佩服，此人能请得动那么多名士，可见绝非寻常人等，仅此一举便可赢得此人的友谊，是为一得；第二，人的嘴一般不牢靠，我相信他的这种好名声很快就会传遍乡野，他在此地，绝对会声名日隆，是为二得。当然，大侠一般不会这么想，只是我们从这个故事中可以知道，对朋友尊重，就是要给朋友留面子，而且更重要的是为别人留了面子，实际上就是给自己长了脸，为自己留了后路。不管怎样，郭解从留面子这件事里肯定能得到不少额外的好处。想必这就是人格的力量吧。

有人说朋友之间谈面子问题太虚伪，这其实是不了解人性而进入了误区。他们认为，好朋友彼此熟悉了解，亲密信赖，如兄如弟，财物不分，有福共享，讲究客套太拘束，也太见外了。对好朋友也要客气有礼，可以不强调自己的"面子"，但不可以不给朋友面子。因为看似面子问题，实际上是尊敬与否的问题。

南怀瑾夸赞这种善于立身自处的行为，道理就在于此。关键时刻还是应该给别人留点面子。

七

情义切切，人脉绵绵

我们都想活在别人的心里。说不想的，只是吃不到葡萄所以说葡萄酸的矫饰。以真心换来的真心才能长久，以真情换来的真情方不会变。好为人，为好人，做拂过他人心潮的清风，宁片刻而逝，也要留下风的余韵。

✴ 变通，才能保全

鲁迅的《故事新编》里有一篇文章讲到老子和自己的侍童的对话，大意是侍童就某件事问他为什么要避让，他指指自己的嘴，问："牙齿还在吗？"侍童摇了摇头。老子又问："舌头呢？"侍童点了点头。老子想要传达的意思就是："坚强者死之徒，柔弱者生之徒"。

老子的话揭示了做人的道理，即以柔克刚。以柔克刚的一个方面就是委曲求全。为人处世，不可一味固执耿直，不知变通，要讲究策略，讲求怀柔婉转之美，南怀瑾如是说。

很多事情，思路一转，变直为曲便可化腐朽为神奇。以言谈为例，善于言辞之人，讲话婉转而圆满，既可达到目的，又能彼此无事。

春秋时期，鲁国人宓子贱是孔子的学生，他曾有一段在鲁国朝廷做官的经历。一次，鲁国国君派他去治理一个名叫亶父的地方。他受命时心中久久难以平静，担心到地方上做官，离国君甚远，容易遭到自己政治上的夙敌和官场小人的诽谤。众口铄金，积毁销骨，假如国君偏信谗言，自己的政治抱负岂不是会落空？因此，他在临行时想好了一个计策。

宓子贱向鲁国国君要了两名副官，以备日后施用计谋之用。他风尘仆仆地来到亶父，该地的大小官吏都前往拜见，宓子贱叫两位副官拿记事簿把参拜官员的名字登记下来，这两人遵命而行。当两位副官提笔书写来者姓名的时候，宓子贱却在一旁不断地用手去拉扯他们的胳膊肘，使两人写的字一塌糊涂，不成样子。等前来拜会的人已经云集殿堂，宓子贱突然举起副官写得乱糟糟的名册，当众狠狠训斥了他们一顿。宓子贱故意滋事的做法使满堂官员感到莫名其妙、啼笑皆非。两个副官受了冤屈、侮辱，心里非常恼怒。事后，他们向宓子贱递交了辞呈。宓子贱不仅没有挽留他们，而且火上浇油地说："你们写不好字还不算大事，这次你们回去，一路上可要当心，如果你们走起路来也像写字一样不成体统，那就会出更大的乱子！"

　　两个副官回去以后，满腹怨恨地向国君汇报了宓子贱在亶父的所为。他们以为国君听了这些话会向宓子贱发难，从而可以解一解自己心头的积怨。然而这两人没有料想到国君竟然负疚地叹息道："这件事既不是你们的错，也不能怪罪宓子贱，他是故意做给我看的。过去他在朝廷为官的时候，经常发表一些有益于国家的政见，可是我左右的近臣往往设置人为的障碍，以阻挠其政治主张的实现。你们在亶父写字时，宓子贱有意掣肘的做法实际上是一种隐喻。他在提醒我今后执政时要警惕那些专权乱谏的臣属，不要因轻信他们而把国家的大事办糟了。若不是你们及时回来禀报，恐怕今后我还会犯更多类似的错误。"国君说罢，立即派其亲信去亶父。这个钦差大臣见了宓子贱以后，说道："国君让我转告你，从今以后，亶父再不归他管辖，这里全权交给你。凡是有益于亶父发展的事，你可以自主决断。你每隔五年向国君通报一次就行了。"宓子贱在鲁国国君的开明许诺下，排除了强权干扰，在亶父实践了多年梦寐以求的政治抱负。

这件事既不是你们的错，也不能怪罪宓子贱……

宓子贱没有直言进谏，而是用一个自编自演、一识即破的闹剧，让鲁国国君意识到了奸诈隐蔽的言行对志士仁人报国之志的危害，可谓用心良苦。宓子贱是一个深知变通的人，倘若他直接指出国君的过错，必定会使国君下不来台，很可能不仅达不到劝说的目的，还会把场面弄得剑拔弩张，对自己不利。所以，很多时候做事情讲点技巧，于人于己都是一件好事，这并不是什么圆滑，个性耿直不知变通有时候只会把事情搞砸。

人活一世，各种事情会接踵而来，墨守成规、只认死理是无论如何都行不通的。讲究"曲"，并不是要我们奴颜婢膝，而是要我们在处理事情的时候，要变通，要想办法保全自己。古时候，大臣的一句不知变通的大实话会引来皇帝大怒，从而使自己或贬或谪或人头落地；而今天，一个不知变通、一味耿直刚硬的人在社会上会处处碰壁。因此，讲究策略是很有必要的，这是一种本事。过于耿直的人有时候让人们不能接受，就是因为他忽略了人性。事实上很多时候，人是很情绪化的动物，并不是完全理智的。人们都有爱听好话的毛病，所以说，为了使别人接受自己的观点，尽管是忠言，也不必逆耳，也要想法子说得婉转入耳一些。

✳ 重人者人恒重之

智利作家尼高美德斯·古斯曼说过："尊严是人类灵魂中不可糟蹋的东西。"俄国作家陀思妥耶夫斯基也说过："如果你想受人尊敬，那么首要的一点就是你得尊重别人。只有尊重别人，才能赢得别人的尊重。"

南怀瑾说有一种人知识非常渊博,知识渊博了,便恃才自傲,自视甚高,不懂得尊重别人,甚至对自己也不够自重,非常放荡、任性,"名士风流大不拘"。

这种人在现实中有很多,他们不认为这是缺点,反而常常引以为傲,觉得自己很有个性。却在不知不觉间得罪人而不自知,或者根本不在意得罪人,结果往往遭到报复。

三国时期,祢衡很有文采,在社会上非常有名气,但是,他恃才傲物,从来不把别人放在眼里,经常放言除了孔融和杨修,"余子碌碌,莫足数也"。他容不得别人,别人自然也容不得他。所以,他"以傲杀身",被黄祖杀了。

有一次,祢衡经过孔融的推荐,去见曹操。见礼之后,曹操并没有立即让祢衡坐下。祢衡仰天长叹:"天地这么大,怎么就没有一个人!"曹操说:"我手下有几十个人,都是当今的英雄,怎么能说没人呢?"祢衡说:"请讲。"曹操说:"荀彧、荀攸、郭嘉、程昱机深智远,就是汉高祖时候的萧何、陈平也比不了;张辽、许褚、李典、乐进勇猛无敌,就是古代猛将岑彭、马武也赶不上;还有从事吕虔、满宠,先锋于禁、徐晃;又有夏侯惇这样的奇才,曹子孝这样的人间福将……怎么能说没人呢?"祢衡笑着说:"您错了!这些人我都认识,荀彧可以让他去吊丧问疾,荀攸可以让他去看守坟墓,程昱可以让他去关门闭户,郭嘉可以让他读词念赋,张辽可以让他击鼓鸣金,许褚可以让他牧羊放马,乐进可以让他朗读诏书,李典可以让他传送书信,吕虔可以让他磨刀铸剑,满宠可以让他喝酒吃糟,于禁可以让他背土垒墙,徐晃可以让他屠猪杀狗,夏侯惇称为'完体将军',曹子孝叫做'要钱太守'……其余的都是衣架、饭囊、酒桶、肉袋罢了!"

曹操听了很生气，说："你有什么能耐？竟敢如此口出狂言？"祢衡说："天文地理，无所不通，三教九流，无所不晓；上可以让皇帝成为尧、舜，下可以跟孔子、颜回媲美。怎能与凡夫俗子相提并论？"这时，张辽站在旁边，拔出剑要杀祢衡，曹操阻止了张辽，悄声对他说："这人名气很大，远近闻名。要是把他杀了，天下人必定说我容不得人。他自以为很了不起，所以我要他任教吏，以便侮辱他。"一天，祢衡去面见曹操，曹操特意告诉看门人："只要祢衡到了，就立刻让他进来。"祢衡衣衫不整，还拿了一根大手杖，坐在营门外，破口大骂，使曹操侮辱祢衡的目的没能达到。有人又对曹操说："祢衡这小子实在太狂，要杀他还不容易？"曹操说："不过，他在外面总算是有一点名气。我把他送给刘表，看看结果又会怎么样吧。"就这样，曹操没有动祢衡一根毫毛，让人把他送到刘表那儿去了。

到了荆州，刘表对祢衡不但很客气，而且"文章言议，非衡不定"。但是，祢衡骄傲之习不改，多次奚落、怠慢刘表。后来，刘表无奈，只好又派人把祢衡送给了江夏太守黄祖。

到了江夏，黄祖也能"礼贤下士"，待祢衡很好。祢衡常常帮助黄祖起草文稿。有一次，黄祖曾经握住他的手，说："大名士，大手笔！你真能体察我的心意，把我心里想说的话全写出来啦！"但是，后来在一条船上，祢衡又当众辱骂黄祖，说黄祖"就像庙宇里的神灵，尽管受大家的祭祀，可是一点儿也不灵验"。黄祖下不了台，恼怒之下，把祢衡杀了。祢衡死时不到三十岁。曹操知道后说："迂腐的儒士摇唇鼓舌，自己招来杀身之祸。"

傲得自以为自己是天王老子，对别人毫不尊重，轻易折辱别人的人，不是勇敢，而是蠢。祢衡是一个很蠢的人，他似乎很以自己的狂妄自大为傲，以蔑视侮辱他人的方式来树立自己的名声，却不知这是自掘坟墓。

尊重自己才能保护自己，侮辱别人必会招致别人的报复。正所谓"人敬我一尺，我敬人一丈"，以牙还牙，以眼还眼，这是大多数人的共同心理。一个人无论地位和才干平凡还是卓越，只有懂得尊重别人，才能够赢得别人的尊重。每个人都是独立的个体，都应该做天地间大写的人。每一个人都很在意自己的尊严，给别人以尊重胜过给别人以黄金。尊重能换来情感，情感却不是黄金能买到的。黄金能使人弯下自己的腰，尊重却能使人付出自己的心。一个懂得尊重别人的人，才是真正能虏获别人心灵的人！

✳ 己所不欲，勿施于人

中国有句古话：己所不欲，勿施于人。

南怀瑾认为，在与人交往的过程中，应该体会他人的情绪和想法，理解他人的立场和感受，并站在他人的角度去思考和处理问题。用自己的心推及别人，自己希望怎样生活，就应想到别人也会希望怎样生活；自己不愿意别人怎样对待自己，就不要那样对待别人；自己所不愿承受的，就不要强加在别人头上。

战国时期，楚、梁两国交界，两国在边境上各设界亭，亭卒们在各自的空余土地上种了瓜菜。梁国的亭卒勤劳，锄草浇水，瓜秧长势喜人，而楚国的亭卒懒惰，不务农事，瓜秧瘦弱，与梁亭瓜田的长势有天壤之别。楚国的亭卒心生忌妒，于是，一晚乘着夜色偷跑过境把梁亭的瓜秧全给扯断了。

第二天，梁亭的人发现自己的瓜秧全被人扯断了，气愤难平，报告给边县的县令宋就，请示说也要过去把楚亭的瓜秧扭断。宋就说："这样做当然很解气，可是，我们明明不愿他们扯断我们的瓜秧，那么为什么要反过去扯断他们的瓜秧呢？他们不对，我们再跟着学，那就太狭隘了。从今天起，每天晚上去给他们的瓜秧浇水，让他们的瓜秧长得好。而且，你们这样做，一定不能让他们知道。"梁亭的人听了县令的话后觉得很有道理，于是就照办了。

渐渐地，楚亭的人发现自己的瓜秧长势一天好过一天，仔细观察后发现每天早上瓜田都被人浇过了，而且是梁亭的人在黑夜里悄悄为他们浇的。楚国的边县县令听到亭卒们的报告后，感到十分惭愧和敬佩，于是把这件事报告给了楚王。

楚王听说这件事后，感恩于梁国人修睦边邻的诚心，特备重礼送给梁王，以示自责，也用来表示酬谢，结果这一对敌国成了友好的邻邦。

人往往是自私的，大都有这样的通病：见不得别人好，总想去破坏，常不公平地对待其他人，这种褊狭的行为，使自己最终"自食其果"。因为自己怎样对待别人，别人也会用同样的方式对待自己，最后"报应"便降临到自己身上。

如果一个人能摒弃这种私心，推己及人，善于站在别人的立场上考虑问题，身边就会集聚更多的人，人们也更加愿意同他结交，进而他的交际圈就会越来越广，事业和人生也会越来越顺利。设身处地地站在他人的角度想问题，这是一个人成大事和获取成功的关键。

三国时期，曹操和袁绍在官渡打仗。当时曹军远不如袁军强大，但袁绍刚愎自用，不纳忠言，一再坐失战机；曹操则富有谋略，善于用兵。结果，战事以曹操的胜利而告终。

打败袁绍后，曹军将士在袁军的帐篷里搜到了一些信件，全是曹操手下的一些文臣武将与袁绍暗相勾结、示好献媚的信。有人建议，把这些写信的人全都抓起来杀掉。

可是，曹操不同意这样做。他说："当初袁绍的力量十分强大，连我自己都感到难以自保，又怎么能责怪这些人呢？假如我站在他们的位置，当时也会这么做。"

于是，曹操下令把信件全部烧掉，对写信的人一概不予追究。那些原本惶恐不安的人，一下子把心放到肚子里，从此对曹操更加忠心耿耿、卖力相助了。

曹操这种为人处世的态度，使他更多地赢得了人心，愿意投奔他并甘心为他效力的人越来越多。这样，曹操的力量便越来越强大，手下谋臣将士如云，他借此很快打败了那些割据一方的诸侯，统一了中国北方。

英国有一句谚语说得好："要想知道别人的鞋子合不合脚，穿上别人的鞋子走一英里。"人是感性的动物，对待事物、处理事情，往往根据看到的景象，依照自己的价值观和思维模式来判断，因此对待别人与要求自己就有了双重标准。由此产生的冲突可想而知。然而，若能设身处地站在别人的角度考虑问题，为别人想一想，便会减少很多不满和抱怨，使自己的工作和生活气氛轻松愉快，使人与人之间的关系变得和谐美好。

✴ 合适的距离产生美

有些人会有这样的体会，当较远距离看一朵花时，会感觉很美，当靠近了再看，便会发现其中有一些瑕疵，觉得不再美了。这让人不由得想起一句耐人寻味的话"距离产生美"。然而，赵本山的小品里又讲："距离有了，美没了。"那么，怎样才能维持自己眼中的美呢？关键在于距离适中。

子曰："唯女子与小人为难养也，近之则不逊，远之则怨。"孔子认为女子与小人最难办了，对她太爱护、太亲近了，她就恃宠而骄，让你无所适从，动辄得咎；对她疏远一些，她又会怨恨你。南怀瑾说，其实，孔子说的不仅仅是女人，还包括小人，而世界上的男人，够得上资格免刑于"小人"罪名的，实在是少之又少。因此，圣贤这一句话，实际上包括了生活中大多数的平凡男女，也指出了人际交往中一个不容忽视的问题，即距离问题。

如何保持人际交往中的美好印象，如何让人际关系永远处于美的阶段呢？有一个办法：懂得保持适当的距离，既不过于接近，又不过于疏远。很多时候，就情感而言，保持一定的距离能带来极大的美感。

柴可夫斯基和梅克夫人是一对相互爱慕而又从未见过面的恋人。梅克夫人是一位酷爱音乐、有一群儿女的富孀。她在柴可夫斯基最孤独、最失落的时候，不仅给了他经济上的援助，而且在心灵上给了他极大的鼓励和安慰。她使柴可夫斯基在音乐殿堂里一步步走向顶峰。柴可夫斯基最著名的《第四交响曲》和《悲怆交响曲》都是为这位夫人所作。

他们不想见面的原因并非他们两人相距遥远；相反，他们二人的居住所在地仅一片草地之隔。他们之所以永不见面，是因为他们怕心中的那种朦胧的美和爱在见面后被某种太现实、太物质的东西所代替。

不过，不可避免的相见也发生过。那是一个夏天，柴可夫斯基和梅克夫人本来已各自安排了他们的日程：一个外出；另一个决定留在家里。但是这一次，他们终于在计算上出了差错，两个人同时出来了，他们的马车沿着大街渐渐靠近。当两驾马车相互错过的时候，柴可夫斯基无意中抬起头，看到了梅克夫人的眼睛。他们彼此凝视了好几秒钟，柴可夫斯基一言不发地欠了欠身子，梅克夫人也同样表示了一下，就命令马车夫继续赶路了。柴可夫斯基一回到家中就写了一封信给梅克夫人："原谅我的粗心大意吧！维拉蕾托夫娜！我爱你胜过其他任何一个人，我珍惜你胜过世界上所有的东西。"

在他们的一生中，这是他们最亲密的一次接触。

真正的情谊是心灵的默契和情感上的升华。有时候，要使情感保持美艳动人，便要彼此拉开一定的距离，在交往中和对方保持合适的距离。爱情如此，其他的人际交往亦是。

每个人都希望拥有自己的一片私密天空，人与人之间距离过近，就容易引起冲突，造成不必要的麻烦。有时或许只是因为一件小事，却可能埋下破坏性的种子。人与人关系过远，就会慢慢从自己的生活中将对方剥离，最后形同陌路人，错失生活中的诸多美好情感。维持人际关系的最好办法是往来有节，表达适当的关怀，但并不过度干涉，保持一种恰当的距离。

其实，人与人之间的关系过于亲近，有时会侵入别人的禁区，反过来过于疏远，又感受不到温暖，只有把握好人与人之间的距离，才能让工作和生活趋于美好。

✴ 济人须济急时无

曾有人说，最难忘记的是那些在自己哭泣时陪自己哭的人。

一个人不渴的时候，即使送他一桶水也没有用，渴的时候，即使是半杯水也非常珍贵。一个人吃饱的时候，再好的食物也会丧失吸引力，饥饿的时候，半个馒头也美味无比。所以南怀瑾说，雪中送炭远比锦上添花重要。

有一次，公西赤被派出去做使节，冉求因其还有母亲在家，就代其母亲请求实物配给，也就是请拨一笔安家费，并多给出许多。孔子知道后，并没有责怪冉求，只是对学生们说，你们要知道，公西赤这次出使到齐国去，坐的是最好的马，穿的是最棒的行装，他有这么多置装费和津贴，完全可以从中拿出一部分来给母亲用。我们帮助别人，要在他人急难的时候帮忙，公西赤并非穷困潦倒，再给他那么多，只是锦上添花，实在没有必要。

南怀瑾说："求人须求大丈夫，济人须济急时无"，说的也是这个道理，锦上添花不是必要的，雪中送炭却能救人于危难。人需要关怀和帮助，也最珍惜自己在困境中得到的关怀和帮助。若要一个人记住自己，最好的方式莫过于在他需要帮助时伸出援助之手。

三国鼎立之前，周瑜并不得意，曾在军阀袁术部下为官，被袁术任命做过一回小小的居巢长——一个小县的县令罢了。这时候地方上发生了饥荒，年成既坏，兵乱间又损失很多，粮食问题就日渐严峻起来。居巢的百姓没有粮食吃，就吃树皮、草根，很多人被活活饿死，军队也饿得失去了战斗力。周瑜作为地方官，看到这悲惨情形心急如焚，却又束手无策。

　　有人献计，说附近有个乐善好施的财主叫鲁肃，囤积了不少粮食，不如去向他借。于是，周瑜带上人马登门拜访鲁肃。寒暄完毕，周瑜就开门见山地说："不瞒老兄，小弟此次造访，是想借点粮食。"鲁肃一看周瑜丰神俊朗，谈吐不俗，日后必成大器，顿时产生了爱才之心，他根本不在乎周瑜现在只是个小小的居巢长，哈哈大笑地说："此乃区区小事，我答应就是。"

　　鲁肃亲自带着周瑜去查看粮仓，这时鲁家存有两仓粮食，各三千斛，鲁肃痛快地说："也别提什么借不借的，我把其中一仓送与你好了。"周瑜及其手下一听他如此慷慨大方，都愣住了，要知道，在如此饥荒之年，粮食就是生命啊！周瑜被鲁肃的言行深深地感动了，两人当下就交上了朋友。后来周瑜发达了，真的像鲁肃想的那样当上了将军，他牢记鲁肃的恩德，将他推荐给了孙权，鲁肃终于得到了干事业的机会。

　　在别人富有时送他一座金山，不如在他落难时，送他一杯水。人们总会在现实生活中遇到一些困难，遇到一些自己解决不了的事情，这时候，如果能得到别人的帮助，就会永远铭记于心，感激不尽。

　　帮助别人不一定是物质上的帮助，简单的举手之劳或关怀的话语，就能让别人产生久久的激动。如果你能做到帮助那些需要帮助的人，你便能握住他们伸出的友谊之手。而这些友谊，日后很可能会为你带来巨大的精神力量和物质帮助。

✳ 君子周而不比

　　子曰："君子周而不比，小人比而不周。"南怀瑾对这句话的解释是这样的：君子与小人的区别是什么呢？"周"是包罗万象，一个圆满的圆圈，各处都统一，一个君子的为人处世，就应该对每一个人都是一样；经常将别人与自己作比较，看他顺眼就对他好，不顺眼就反感他，就是"比"。要人完全跟自己一样，就容易流于偏私。比而不周，只做到跟自己要好的人做朋友，什么事都以"我"为中心、为标准，不是真正的君子所为。

高山流水的故事大家都知道，结局是伯牙后来因为听说子期染病而终，心里感觉痛苦难当，叹知音难觅，摔琴以祭人。后人常以之比喻知音之事。其实从某种程度上讲，把他们放到现在，伯牙此举也算是流于偏私了。如今的社会，是一个崇拜成功，需要成功的年代，而成功靠的是人脉。人脉可以为你创造很多东西，比如机遇、知识、背景等。因此，现代的人不应该学伯牙的那种态度。知音走了，再觅虽难但也不是完全没有可能再找到。伯牙可以一直弹下去，再等下一位来，或者通过琴声交更多的非知音但可成为人脉的朋友也未尝不是件好事。摔琴之举，可歌可泣，但是也有感情用事之嫌。

高山流水故事里伯牙之举，不太适合如今的这个社会。现代社会，交友当然得精挑细选注意质量，但是不得不说，还有些与一般朋友不一样的人脉也是很重要的资源，我们不应该以艺废人，而应该去刻意培植。

查尔斯·华特尔，服务于纽约市一家大银行，奉命写一篇有关某公司的机密报告。他知道某一个人拥有他非常需要的资料。于是，华特尔先生去见那个人——他是一家大工业公司的董事长。当华特尔先生被迎进董事长的办公室时，一个年轻的妇人从门边探出头来，告诉董事长，她当天没有什么邮票可以给他。"我在为我那十二岁的儿子搜集邮票。"董事长对华特尔解释。

华特尔先生说明他的来意，开始提出问题。董事长给出的说法含糊、概括、模棱两可。他不想把心里的话说出来，无论怎样好言相劝都没有效果。这次见面的时间很短，没有取得实际效果。"坦白地说，我当时不知道该怎么办。"华特尔先生说，"接着，我想起刚才那个人对他说的话——邮票，十二岁的儿子……我也想起我们银行的国外部门搜集邮票的事——从来自世界各地的信件上取下来的邮票。"

第二天早上，华特尔先生再去找那位董事长，并传话进去，说有一些邮票要送给他的孩子。结果，董事长满脸带着笑意，客气得很。"我的乔治将会喜欢这些。"他不停地说，一面抚弄着那些邮票。"瞧这张！这是一张无价之宝。"华特尔和董事长花了一个小时谈论邮票，瞧他儿子的照片，然后他又花了一个多小时，把华特尔所想要知道的资料全都告诉了他——华特尔甚至都没提议他那么做。董事长把他所知道的，全都告诉了华特尔，然后叫他的下属进来，问他们一些问题。他还打电话给他的一些同行，把一些事实、数字、报告和信件，全部告诉了华特尔先生。

只用了很短的时间，查尔斯·华特尔巧妙地解决了他的问题，更重要的是，他因此而成功地织起了一张关系网，这必将成为他重要的人脉。孔子说：君子周而不比，小人比而不周。在这个故事里，如果我们设想华特尔，是个比而不周的小人的话，那他就可能抱怨董事长的缺点，也就不会有后来的精彩了。

有句谚语说得好，每个人离总统只有六个人的距离。你认识一些人——他们又认识一些人——而他们又认识另外的一些人……这种连锁反应一直延续到总统的椭圆形办公室。而且，如果你离总统只有六个人的距离，那么你离你想会见的任何人也就只有六个人的距离，不管他是一家公司的总经理，还是那些你想让其加入你的团队以支持你的名人。

但是，每个人之间也可以具有无限的距离，即使是他站在你的面前。因为你不能容忍别人的缺点，看到别人一个瑕疵，就否定掉整个人。这样的话，任何人都不会跟你成为要好的朋友。君子周而不比，我们应该宽容地对待每个人。各路诸侯一齐来，我都能容得下你，这才是君子所为。

八

善做伯乐，善识良马

人才如同千里马，千里马总是孤高的、挑食的，如果只是将它当做普通的马在马厩间喂养，碍眼憎恨它的与众不同，千里马便只能是劣马，人才也只能是庸才，这是人才和上位者共同的不幸。

✳ 肚里撑船，才能人才济济

"宰相肚里能撑船"不是一句虚话，但凡真正的大人物，都有相对广阔的胸襟，斤斤计较之辈，一般难有太大的出息。

领导归根结底是对人的领导，只有自己对人性的理解全面时，才能把握好人才。南怀瑾在谈管理人才的时候，曾经说："想做个领导者，你必须是个真正的人，你必须先认识生命真正的意义。"领导者要成为一个真正的人，必须要有博大的胸襟。一个胸襟宽广的人，才能不被狭隘偏私所限制，才能认识生命真正的意义，成为识人才的伯乐，眼光高远，千金买马骨。

无论在什么时代，人才永远都是最重要的。优秀的领导者对人才总有一种极度的渴望，就像曹操在诗中所说："青青子衿，悠悠我心。但为君故，沉吟至今。"人才难得，所以很多政治家对冒犯自己的人才往往能既往不咎，收为己用。这也是他们能成就霸业的关键。

齐桓公即位后，即发令要杀公子纠，并要求鲁国将管仲送回齐国治罪。因为管仲做公子纠的师傅时，想用箭射死齐桓公。结果齐桓公借装死逃过一劫。后来，管仲被关在囚车里送到齐国。鲍叔牙立即向齐桓公推荐管仲。齐桓公气愤地说："管仲拿箭射我，要我的命，我还能用他吗？我恨不得杀之而后快！"鲍叔牙说："以前他是公子纠的师傅，所以他用箭射您，这不是正好体现了他对公子纠的忠心吗？而且要是论起本领来，他比我强多了。主公如果要干一番大事业，我看管仲可是个用得着的人。"

齐桓公也是个豁达大度的人，听了鲍叔牙的一席话，不但不治管仲的罪，还立刻任命他为相，让他管理国政。管仲帮着齐桓公整顿内政，开发富源，大开铁矿，多制农具，后来齐国变得越来越富强了。

齐桓公既往不咎，原谅了管仲的冒犯，原因在那儿呢？一是各为其主；二是管仲确有大才；还有最重要的一点是齐桓公确实是一个有胸襟的人。化敌为友，使其成为自己最得力的干将，这是古代领导者常见的戏码。对于现代人来说，能原谅下属对自己偶尔的冒犯就很难得了。

对领导者而言，下属首先是个人，是人就有小毛病，可能还会犯点小错误，这都是很正常的。因此，宽容地对待下属和员工，这是每一个领导应具备的美德。没有一个下属愿意为斤斤计较、小肚鸡肠、犯一点小错就抓住不放，甚至打击报复的领导者卖力。

　　战国时期，楚庄王赏赐群臣饮酒，日暮时正当酒喝得酣畅之际，一阵狂风吹来，灯烛灭了。这时有一个人因垂涎于庄王美姬的美貌，加之饮酒过多，难于自控，便乘黑暗混乱之机，抓住了美姬的衣袖。美姬一惊，左手奋力挣脱，右手趁势抓住了那人帽子上的系缨，并告诉庄王说："刚才烛灭，有人牵拉我的衣襟，我扯断了他头上的系缨，现在还拿着，赶快拿火来看看这个断缨的人。"庄王说："赏赐大家喝酒，让他们喝酒而失礼，这是我的过错，怎么能为显示女人的贞节而辱没人呢？"于是命令左右的人说："今天大家和我一起喝酒，如果不扯断系缨，说明他没有尽欢。"群臣一百多人都扯断了帽子上的系缨而热情高昂地饮酒，一直到尽欢而散。过了三年，楚国与晋国打仗，有一个臣子冲在前面，最后打退了敌人，取得了胜利。庄王感到惊奇，忍不住问他："我平时对你并没有特别的恩惠，你打仗时为何要这样卖力呢？"他回答说："我就是那天夜里被扯断了帽子上系缨的人。"

从这里，我们不仅看到了楚王的宽宏大度、远见卓识，也可以洞悉他驾驭部下的高超艺术。人性层面有感激之情，我们常说："滴水之恩，当涌泉相报"，就是这个道理。你对别人的好，以后都会反馈回来的。楚王了解人性，因此他的部下都归顺于他，一时间震烁一方。按照南怀瑾的标准来看，算是真正的人了。

✳ 多疑则散，豪爽则聚

南怀瑾在《庄子讲记》中讲道："剋核太至，则必有不肖之心应之，而不知其然也。"历史上有许多风云人物，譬如明朝最后一个皇帝崇祯，他是亡国之君，为什么？因为他刻薄，多疑。真正成功的人，都有豪侠之气。（注：本段主旨源自《庄子讲记》）

历史上有两件事很值得玩味，一是功高盖主，一是封官加爵。前者处理好了能使天下安定，帝位坐得稳，处理不好则会引起战乱，统治会出问题。后者呢？如果处理好了，大家齐心团结国力就会更加强盛，而处理不好则会引起憎恨，分崩离析。究其原委，实际都是猜忌闹出来的事情。

冯异是刘秀手下的一员战将，他不仅英勇善战，而且忠心耿耿，品德高尚。当刘秀转战河北时，屡遭困厄，一次行军在饶阳滹沱河一带，矢尽粮绝，饥寒交迫，是冯异送上仅有的豆粥麦饭，才使刘秀摆脱困境；还是他首先建议刘秀称帝的。他治军有方，为人谦逊，每当诸位将领相聚，各自夸耀功劳时，他总是一人独避大树之下。因此，人们称他为"大树将军"。

冯异长期转战于河北、关中，甚得民心，成为刘秀政权的西北屏障。这自然引起了同僚的妒忌。一个名叫宋嵩的使臣，四次上书，诋毁冯异，说他控制关中，擅杀官吏，威权至重，百姓归心，都称他为"咸阳王"。

冯异对自己久握兵权，远离朝廷，也不大自安，担心被刘秀猜忌，于是一再上书，请求回到洛阳。刘秀对冯异的确也不大放心，可西北地区却又少不了冯异这样一个人。为了解除冯异的顾虑，刘秀便把宋嵩告发的密信送给冯异。这一招的确高明，既可解释为对冯异深信不疑，又暗示了朝廷早有戒备。恩威并用，使冯异连忙上书自陈忠心。刘秀这才回书道："将军之于我，从公义讲是君臣，从私恩上讲如父子，我还会对你猜忌吗？你又何必担心呢？"

冯异能够自保，与他自己的行事方法有关。但是刘秀能做到这样，也实属不易。正因为他对冯异能给予一定程度上的信任，而不是担惊受怕——怕夺了他刘秀的权力，所以冯异能够一而再，再而三地为他卖命是有道理的。

因此，我们看历史上成霸业者，必能给将士以足够的信任，如汉朝的开国皇帝刘邦，说话带脏字，口口声声"你老子"，活脱脱一个流氓，但是他很豪爽，绝对的性情中人。虽然后来为了削弱各方势力，杀大将功臣，遭人垢病。可是我们不得不佩服开始的时候刘邦的用人之术。正所谓"善将将"，相信一个刻薄多疑的人怎么能赢得别人的辅助呢？

个性多疑，别人就会觉得得不到尊重，而性格豪爽则会赢得别人的喜欢，这道理千古不变。在平时生活中，上司和下属之间很容易产生误解，形成隔阂。一个有谋略的领导，常常能以巧妙的方法，显示自己用人不疑的气度，使得"疑人"不自疑，而会更加忠心地效力于自己。俗话说"疑人不用，用人不疑"，讲的就是这个道理。

✴ 不拘一格选人才

龚自珍在《己亥杂诗》中说："我劝天公重抖擞，不拘一格降人才。"这句诗指出，要想国家振兴，就需要各式各样的人才。同样，在现代社会，一个机构、一个企业若想长盛不衰，也需要各式各样的人才。电影《天下无贼》中葛优饰演的黎叔说："21世纪什么最贵？人才。"如今，企业的竞争大都是人才之争，领导人的取才之道，其核心就是要"不拘一格选人才"。

孟子在齐国十分不得志，于是打算离开这里。在临走之际，他对齐宣王说："王无亲臣矣。"意思即"大王您没有值得信任的臣子了"，因为"昔者所进，今日不知其亡也。"说的是，过去有人推荐了人才给您，但是都得不到重用，最后都悄悄离开了。齐宣王于是问他如何取才。孟子回答他说："国君进贤，如不得已，将使卑逾尊，疏逾戚。"意思是说，如果您真遇到贤才的话，就不要拘泥于成规，应该越级提拔，使得人尽其才。

南怀瑾对中国古代历来的人才选拔进行了分析，认为每一个朝代稳定之后，人才选拔上都会出现"世臣巨族门第之见"，很难做到"拔识于稠人"，即从普通百姓中选才。为此，无数人怀才不遇，国家的人力资源也遭受了重大损失。

战国时期，魏文侯是一位礼贤下士的国君，一次，他想提拔一位相国，可是有两个合适的人选，让他难以抉择。于是他找来谋士李克，对他说："有句谚语说'家贫思良妻，国乱思良将'，现在我们魏国正是处在'国乱'这个状态，我迫切需要一位有本事又贤良的相国来辅佐我。魏成子和翟璜这两个人都不错，我该怎样取舍呢？"

李克听后，并没有直接回答魏文侯的话，却说："大王，您下不了决心，是因为您平时对他们的考察不够。"魏文侯急忙问："怎样考察？有何标准吗？"李克说："当然有，我认为考察一个人的标准应该是，一看他平时亲近些什么人，从他亲近的人的品质可以看出他的为人；二看他富裕了和什么人做朋友，如果富裕了就摒弃以前穷时结交的朋友，或者巴结富贵人，那此人就不可取；三看他当官了推荐什么人，只有真心为您效力的人，才会为您推荐天下最贤良的人；四看他不做官了，不屑于做哪些事情，如果他不做官了，却还摆出一副做官的架子，接受别人的馈赠，像当官时一样威风，那他就不是一个忠心的人；五看他贫穷了哪些钱他不屑于拿，如果他贫穷了就去拿讨来的钱或者偷窃来的钱，那他就不是一个贤德的人。只要您按照这五个标准去衡量他们，就可以做出决定了。"魏文侯听后点头称是。

李克出来后遇见了翟璜，翟璜问道："听说魏文侯找你商量谁做相国的事情，不知结果如何？"李克说："结果已定，魏成子为相国。"翟璜气不过，愤愤地说："我哪里不如魏成子？大王缺西河太守，我把西门豹推荐给他；大王要攻打中山这个地方，我就推荐了乐羊；大王的儿子没有师傅，我就推荐了屈侯鲋。结果是：西河大治，中山攻克，王世子品德日增。我为什么不能做相国呢？"李克说："你怎么能比得上魏成子呢？魏成子的俸禄，百分之九十都用来罗致人才，所以子夏、田子方、段干木三人都从他国应募而来。他把这三个人推荐给大王，大王以师礼相待。而你所推荐的人，不过是魏文侯的臣仆，你怎么能和魏成子相比呢？"翟璜沉默了一会儿，无奈地说："你是对的，我的确比不上魏成子。"果然，魏文侯让魏成子做了相国。

　　选拔人才需要大智慧、大眼光，需要有理性的头脑，需要任人唯贤，不可任人唯亲。《红楼梦》中贾雨村的一句"玉在椟中求善价，钗于奁内待时飞"，道出了自古以来所有想一展抱负的人的心声。大文学家韩愈感叹道："世有伯乐，然后有千里马。千里马常有，而伯乐不常有。"确实，千里马是人才，而识得千里马的伯乐更是人才。

　　懂得不拘一格地识才、选才，惜才、爱才，这样的领导就是"伯乐"。

✳ 大匠无弃材，寻尺各有施

　　一个人从小就学一样东西，长大之后，想施展所学，要他放弃自己所学，而按照别人的方法去做，结果会怎么样？再假定有一块上等玉石，即使价值万两黄金，也一定需要琢玉的工人依他的学识技术，把它雕琢好才可以。寻找人才，却叫他放弃平生所学，唯领导是从，岂不是等于让琢玉的人放弃他所学的技术，而按别人的方法来琢玉一样？这是行不通的。

　　南怀瑾认为用人不可学非所用、用非所长，而要知人善任、唯才所宜。管理学大师德鲁克说过："人的长处，才是一种真正的机会。"大凡高明的领导者无不深明此意：要以人的长处运用为机会，善于识察人的长处，并能用得恰到好处，这样就能不失时机地赢得事业的成功。这也正是中国管理者们从古至今一直在学习汲取并不断实践的用人之道。

　　战国时，孟尝君去秦国，被秦昭襄王软禁起来。

　　孟尝君打听到秦王身边有个宠爱的妃子，就托人向她求救。那个妃子叫人传话说："叫我跟大王说句话并不难，我只要你那件举世无双的银狐皮袍。"很不巧，孟尝君那件皮袍在刚来秦国时就献给了秦王，现正在秦王的内库里。孟尝君手下有个门客，擅长偷盗，当天夜里，这个门客就摸黑进入王宫，找到了内库，把银狐皮袍偷了出来。孟尝君把狐皮袍子送给了秦昭襄王的宠妃。那个妃子得了皮袍，就向秦昭襄王劝说把孟尝君放回去。秦昭襄王同意了，发下过关文书，让孟尝君他们离去。

叫我跟大王说句话并不难，我只要你那件举世无双的银狐皮袍。

　　孟尝君得到文书，怕秦王反悔，就带领门客急急忙忙地往函谷关跑去。到了关上，正赶上半夜里。依照秦国的规矩，每天早晨鸡鸣后才可打开城门。孟尝君手下有一个门客很会学鸡叫，且惟妙惟肖，让人分不出真假。于是，这个门客捏着鼻子学起公鸡叫来。一声跟着一声，附近的公鸡全都叫了起来。守关的人听到鸡叫，开了城门，验过过关文书，让孟尝君出了关。秦昭襄王果然后悔，派人赶到函谷关，可孟尝君已经走远了。

　　即使是鸡鸣狗盗之辈，也有用途。孟尝君倘若没有这些人的帮助，只怕要被囚禁终生了。唐代陆贽说过："若录长补短，则天下无不用之人；责短舍长，则天下无不弃之士。"唐代韩愈在《送张道士序》中也说："大匠无弃材，寻尺各有施。"用人也是如此。俗话说，"人无弃才"。是人，就有他的用途。作为领导，关键在于知人善任。只有知人善任，才能人尽其才。知人善任是领导艺术，也是决定事情成败的关键所在。

　　《贞观政要》记载着唐太宗李世民的用人之术。李世民说："明主之任人，如巧匠之制木，直者以为辕，曲者以为轮，长者以为栋梁，短者以为拱角，无曲直长短，各有所施。名主之任人亦由是也。智者取其谋，愚者取其力，勇者取其威，怯者取其慎，无智愚勇怯兼而用之，故良将无弃才，明主无弃士。"李世民不仅是这样说的，也是这样做的。

在一次宴席上，唐太宗对王珪说，你善于鉴别人才，尤其善于评论。你不妨从房玄龄等人开始，都一一做些评论，评论一下他们的优缺点，同时和他们互相比较一下，你在哪些方面优秀。

王珪回答说，孜孜不倦地办公，一心为国操劳，凡所知道的事没有不尽心尽力地去做，在这方面我比不上房玄龄；常常留心于向皇上直言进谏，认为皇上的能力、德行比不上尧舜，这方面我比不上魏征；文武全才，既可以在外带兵打仗做将军，又可以进入朝廷担任宰相，在这方面，我比不上李靖；向皇上报告国家公务，详细明了，宣布皇上的命令或者转达下属官员的汇报，能坚持做到公平公正，在这方面我不如温彦博；处理繁重的事务，解决难题，办事井井有条，这方面我也比不上戴胄；至于批评贪官污吏，表扬清正廉署，疾恶如仇，好善喜乐，这方面比起其他几位能人来说，我也有一技之长。

唐太宗非常赞同他的话，而大臣们也认为王珪完全道出了他们的心声，连连点头称是。

从王珪的评论中可以看出唐太宗的团队中，每个人各有所长，但更重要的是唐太宗能知人善用，使其能够发挥所长，进而让整个国家繁荣强盛。其实在用人大师的眼里，没有废人，正如武林高手，无须名贵宝剑，摘花飞叶即可伤人，关键看如何运用。

若无伯乐，乃千里马之大不幸；遇一不能善用人才的领导，则是人才之大不幸，因为，你只能在"泥沙遮不住珍珠光彩"的信念中埋没一生，在"天生我材必有用"的自嘲中抗争一生。对领导者来说，知人善用，便能人人皆为我所用；人人皆为我所用，则家和业兴国盛。

✳ 人之上以人为人，人之下以己为人

春秋战国时期，很多小国为了自保和壮大，在如何治国和如何与邻国交往方面颇费心机。齐宣王就曾经为了邻国交往之道问过孟子："交邻国有道乎？"即与邻国交往有什么好的策略吗？孟子回答说，当然有。"惟仁者为能以大事小，是故汤事葛，文王事昆夷。惟智者为能以小事大，故大王事獯鬻，勾践事吴。以大事小者，乐天者也；以小事大者，畏天者也。乐天者，保天下；畏天者，保其国。"

南怀瑾解释说，这里孟子提出了两个原则：一种是"以大事小"，这是仁者的风范，是顺应"天地万物"的乐天心理，不愿意去欺负弱小，这样可以使天下太平；另一种是"以小事大"，这是明智之举，顺从比自己强大的国家，则可以保护国家臣民的安全。南怀瑾进一步解释说，这里的"天"在"天人合一"的哲学上，还包括了人事在内。人与

人之间的和谐相处也要注意这一原则。就是说，在人之上要以人为人；在人之下要以己为人。（注：本段主旨源自《孟子旁通》）

居上位时，一定要谦虚，切不可仗势欺人，人生总是盛极而衰的，一个人不可能永远风光无限，繁华过后总会凋零。对于真正悟透人生的仁者来说，谦卑才是应有的心态，而以恭敬心去尊重和对待每一个人，则是他们的特征。

在林肯的故居里，挂着他的两张画像，一张有胡子，一张没有胡子。在画像旁边贴着一张纸，上面歪歪扭扭地写着——

亲爱的先生：

我是一个11岁的小女孩，非常希望您能当选美国总统，因此请您不要见怪我给您这样一位伟人写这封信。

如果您有一个和我一样的女儿，就请您代我向她问好。要是您不能给我回信，就请她给我写吧。我有四个哥哥，他们中有两人已决定投您的票。如果您能把胡子留起来，我就能让另外两个哥哥也选您。您的脸太瘦了，如果留起胡子就会更好看。

所有女人都喜欢胡子，那时她们也会让她们的丈夫投您的票。这样，您一定会当选总统。

格雷西

1860年10月15日

亲爱的先生：

我是一个11岁的小女孩……

在收到小格雷西的信后，林肯立即回了一封信——

我亲爱的小妹妹：

收到你15日的来信，非常高兴。我很难过，因为我没有女儿。我有三个儿子，一个17岁，一个9岁，一个7岁。我的家庭就是由他们和他们的妈妈组成的。关于胡子，我从来没有留过，如果我从现在起留胡子，你认为人们会不会觉得有点可笑？

真诚地祝愿你

亚伯拉罕·林肯

一年后，当选的林肯在前往白宫就职途中，特地在小女孩的家乡——小城韦斯特菲尔德车站停了下来。他对欢迎的人群说："这里有我的一个小朋友，我的胡子就是为她留的。如果她在这儿，我要和她谈谈。她叫格雷西。"这时，小格雷西跑到林肯面前，林肯把她抱了起来，亲吻她的面颊。小格雷西高兴地抚摸他又浓又密的胡子。林肯笑着对她说："你看，我让它为你长出来了。"

原来林肯的胡子是为一个小女孩儿而留。而这个女孩儿，他一开始并不认识。有人说，林肯是为了拉两张选票所以才留起胡子的。其实对于一场大选，两张选票能起到的作用微乎其微。即便换位思考，如果你接到类似的信，多数人只是会一笑了之，觉得一个只有11岁的孩子根本不值得重视。可是林肯不但阅读了这封信，还认真地写了回信，并真的蓄起了胡子。在人之上要以人为人，林肯做到了这点，这也许就是人们拥护和爱戴他的原因。

九

领导者，善为人谋

权柄是一根法力无边的魔棒，它能带来华丽的亮相，也能以惨淡作为收场。在善驾驭者的手中，它能成为征讨四方、开拓疆土的法宝，若被不谙其道者使用，它便是倒持的太阿，沦为他人刺伤自己功业的凶器。

✳ 莫让浮云遮望眼

　　毛泽东说过："没有调查，就没有发言权。"在现实生活中，耳听可能为虚，眼见也不一定为实。凡事如果总是只相信自己的耳朵和眼睛，而缺少冷静的分析与思考，往往会被假象所迷惑，很难认清事物的本质。

　　依南怀瑾的见解，一个领导者对一件事，有一点还不了解，还无法判断时，不要随便下断语，不要随便批评，因为真正了解内情，并不是件容易的事。

　　有一次，孔子和弟子们被两个小国家围困，长达七天都没有吃到东西。后来较为富裕的子贡拿自己的钱财好不容易换来了很少的一点米，就让颜回给大家拿来煮粥喝。子贡无意间经过煮粥的房间，竟然看见颜回端起满满一勺粥在喝。子贡很不高兴，就去了老师那里。他问夫子："仁人廉士穷改节乎？"孔子回答："芝兰生于深林，不以无人而不芳；君子修道立德，不为穷困而败节。"子贡又问若是颜回会如何，孔子说颜回绝对不会改变的。子贡这才告诉老师他看到的事。

　　于是，孔子为了向大家证实，带着众弟子来到粥房。孔子说，"颜回啊，我想要先用这得之不易的粥来祭祖，你来操办吧"。颜回摇头道，"不行啊，老师。这粥在煮的时候，房顶上有一块泥巴落了进去，扔了太可惜，所以我已经把脏了的粥吃了，这样还可以省出一个人的饭。但是这样的粥不能用来祭祖啊"。孔子听完，看了一眼子贡，就离开了。

亲眼看见的可能另有隐情，亲耳听到的也不一定是真相。如果不经过大脑思考就对事情妄下结论，那我们难免就会犯错。作为领导者不能只听一家之言，只有深入调查才能了解事情的真相。

在现实生活中，有多少亲眼所见或者是亲身经历的事情，都是一种假象的"实"，领导者如果仅凭一时所见的现象，直觉地作出判断和决定，就会出错，导致令人遗憾的后果。

这是一个发生在美国阿拉斯加的故事，有一对年轻的夫妇，妻子因为难产死去了，不过孩子活了下来。丈夫既要工作，又要照顾孩子，有些忙不过来，可是找不到合适的保姆照看孩子。于是，他训练了一只狗，那只狗既听话又聪明，可以帮他照看孩子。

有一天，丈夫要外出，像往日一样让狗照看孩子。他去了离家很远的地方，所以当晚没有赶回家。第二天一大早他急忙往家里赶，狗听到主人的声音摇着尾巴出来迎接，可是他发现狗满口是血，打开房门一看，屋里也到处是血，孩子居然不在床上……他全身的血一下子涌到头上，心想一定是狗的兽性大发，把孩子吃掉了，盛怒之下，拿起刀把狗杀死了。就在他悲愤交加的时候，突然听到孩子的声音，只见孩子从床下爬了出来，丈夫感到很奇怪。他再仔细看了看狗的尸体，这才发现狗的后腿上有一大块肉没有了，而屋门的后面还有一只狼的尸体。原来，是狗救了小主人，却被主人误杀了。

德国诗人歌德曾说："真理就像上帝一样。我们看不见它的本来面目，我们必须通过它的许多表现而猜测到它的存在。"对于为政者来说，如果你想在自己的位置上扮演好自己的角色，就应该清楚地了解自己周围的人和事，凡事多思考，不轻信、不盲从，深入了解之后再下结论，这样才能看清周围的一切，稳坐钓鱼台。

✴ 上梁正，则下梁不歪

中国有句俗话说，"上梁不正下梁歪"。指的是做父亲的如果管不好自己，给孩子树立起不好的榜样，孩子就会效仿，最后也成为像自己一样的人。上行下效是一种风气。放在管理上，领导者凡事要以身作则，这样才能在下属面前树立起自己的威信，达到令行禁止的目的。

政者正也，要正己才能正人。南怀瑾说，假如本身公正，去从政，不必讲，当然是好的。假使自己不能端正地做榜样，那怎么可以辅正别人呢？

俗话说："其身正，不令而行；其身不正，虽令不从。"领导者要想赢得下属的追随，就应当以身作则。

三国时的曹操曾被人称为"治国之能臣，乱世之奸雄"。古今褒贬不一，虽然其功过不定，任由后人评说，但他在治国治军方面深得将士尊重，因为他深谙管理之道——正人先正己，以身作则。

麦熟时节，曹操率领大军去打仗，沿途的百姓因害怕士兵，躲到村外，无人敢回家收割小麦。曹操得知后，立即派人挨家挨户地告诉百姓和各处看守边境的官吏，他是奉旨出兵讨伐逆贼为民除害的，现在正是麦收时节，士兵如有践踏麦田的，立即斩首示众，以儆效尤。百姓心存疑虑，都躲在暗处观察曹操军队的行动。曹操的官兵在经过麦田时，都下马用手扶着麦秆，一个接着一个，相互传递着走过麦地，没有一个敢践踏麦田，百姓看见了，无不称颂。

但是，曹操骑马经过麦田之时，忽然，田野里飞起一只鸟，坐骑受惊，一下子蹿入麦地，踏坏了一片麦田。曹操为服众立即唤来随行官员，要求治自己践踏麦田之罪。官员说："怎么能给丞相治罪呢？"曹操言道："我亲口说的话都不遵守，还会有谁心甘情愿地遵守呢？一个不守信用的人，怎么能统领成千上万的士兵呢？"随即抽出腰间的佩剑要自刎，众人连忙拦阻。此时，谋士郭嘉走上前说："古书《春秋》上说，法不加于尊。丞相统领大军，重任在身，怎么能自杀呢？"

曹操沉思了好久，说："既然古书《春秋》上有'法不加于尊'的说法，我又肩负着天子交付的重任，那就暂且免去一死吧。但是，我不能说话不算话，我犯了错误也应该受罚。"于是，他就用剑割断自己的头发说："那么，我就割掉头发代替我的头吧。"曹操又派人传令三军：丞相践踏麦田，本该斩首示众，因为肩负重任，所以割掉头发替罪。

古人云："身体发肤，受之父母。"曹操深知军纪的重要性，要想让士兵发自内心地重视军纪，他自己就要遵守军纪。曹操割发代首，士兵看在眼里，心里必定会想："丞相尚且如此，我等更应该严格遵守。"

要正人，先正己。领导是下属效仿的对象，只有自己以身作则才能更好地约束下属。美国前副总统林伯特·汉弗莱说过："我们不应该一个人前进，而要吸引别人跟我们一起前进，这个试验人人都必须做。"这就是说，一个优秀的领导者应当以身作则，用自己的修养和思想影响身边的人，凡事自己起个好的带头作用，这样才能具有凝聚力，使下属自觉地团结在自己周围。

✳ 领导者要有人情味

"士为知己者死，女为悦己者容"。一个领导者要抓住下属的心，就要有人情味。

子曰："道千乘之国，敬事而信。"以南怀瑾的观点来看，作为领导，要指挥下面的人，让他们做事，必须先建立起他们对自己的信任。如何建立这种信任呢？很重要的一点便是领导者要有人情味。

有人情味的领导，他们留心生活中的点滴小事，真诚平等地对待下属，他们会时常走进下属的工作和生活中，与下属多交流，了解下属的喜怒哀乐，了解下属的所思、所为、所急。于是，他们就能很容易打动下属的心，赢得下属的支持。

一家化工厂聘请了一位有特殊管理专长、却在专业技术方面并不太强的厂长。因为前任厂长在专业技术方面十分专精，再加上多年的相处和工作习惯，所以厂内的员工对于新任厂长并不十分信服。不但对于新的管理改革方案不热心配合，而且看到新任厂长就远远躲开不愿亲近。

新任厂长看到这个情形，暗自思量怎样才能凝聚这个团体的向心力，和大家打成一片。新任厂长想了一些妙招让自己融入这个群体。

一个月来他经常带一些小礼物，在晚间到两位主管的家里，和他们及其家人谈天说笑，后来几乎是无话不谈，包括主管们的一些不为人知的小缺点，例如，不爱洗澡啦！袜子穿一个礼拜都不洗啦！怕老婆啦！他将这些听到的事情都记在心里。

第二个月开始，他和两位主管取得了共识，两位主管常常晚上到厂长的家里喝茶，报告一些厂里员工的小习性、特殊的个性或近况，并且将自己遇到的一些事也作一番报告。

上班的时候，这位厂长常常四下走动。

当他看到管仓库的女职工小张就说："嗨！张小姐，我曾经看到你的男朋友在工厂门口等你，他好帅啊！高挺的鼻子，和你好相配。

"喂！小李，听说你的儿子功课很棒，他的头脑一定是像你一样聪明。"

新厂长经常和大伙儿一起在餐厅用餐，一边吃一边将两位平常管理大家很严的主管在生活上的一些小缺点都讲出来，两位和厂长已有共识的主管，在一旁听到自己的事只是傻笑。

这样一来，基层员工们觉得受到领导的特别关注，有些受宠若惊，感觉非常开心，而且大家听到厂长挖苦主管，自然也很痛快。

没过多久，工厂上上下下都打成了一片，新厂长的管理改革政策也获得了普遍支持。

这位具有特殊管理专长的厂长带给我们的启示是，展现领导的"人情味"，拉近与下属的关系，很容易获得下属的支持，不仅能够提高下属的工作热情，还能使上下同心协力，增强组织的凝聚力。

人情味是领导者手中的一大法宝，古代很多帝王都喜欢用自己的"人情味"来收买人心。唐太宗便是如此。据史料记载，唐太宗李世民常以皇帝身份屈尊礼贤，关心下属的生活疾苦。李绩晚年得了暴病，药方上说需用"胡须灰"做药引方可治愈。李世民知道后，"乃自剪须，为其和药"，李绩被感动得"顿首见血，泣以恳谢"。马周患了重病，李世民不但派名医去治疗，而且"躬为调药"，让皇子"亲临问疾"，可谓关怀得无微不至。贞观末年，唐朝发动对外战争，李思摩在出征时为弩矢射中，李世民"亲为之吮血，将士闻之，莫不感动"。甚至普通士卒有了病，他也要"召至御前存慰，付州县治疗"，因此，士卒深受感动，都誓死为他效力。

得到下属的拥戴是每个领导的愿望，为上者要有人情味，体恤下属、真心关切，如此才能人心所向，才能上下一心，同舟共济。

✳ 推功揽过的领导艺术

《菜根谭》中提到过："完名美节，不宜独任，分些与人，可以远害全身；辱行污名，不宜全推，引些归己，可以韬光养德。"推功揽过是中国的传统智慧，人性的弱点要求人们要有"推功揽过"的意识，领导者尤其如此。哈佛大学肯尼迪政治学院的哈斯教授说，要在一个组织内做好，一定要做到三点：推功、揽过和成人之美。

子曰："孟之反不伐，奔而殿，将入门，策其马，曰：'非敢后也，马不进也。'"孔子在这里为我们描绘了一个生动的战场细节。在战场上打了败仗，哪一个敢走在最后面？孟之反则不同，叫前方败下阵来的人先撤退，自己一人断后，快要进入自己的城门时，才赶紧用鞭子抽在马屁股上，赶到队伍前面去，然后告诉大家说："不是我胆子大，敢在你们背后挡住敌人，实在是这匹马跑不动，真是要命啊！"

胜过周围的人时，不谦虚便容易招致嫉妒和怨恨。因此，南怀瑾认为孟之反善于立身自处，怕引起同事之间的摩擦，不但不自己表功，而且还自谦以免除同事间的忌妒，以免损及国家。

推功揽过是一种上升为道德的策略，一个优秀的领导者应当像孟之反一样，时刻体察自己周围的人，不揽功，不诿过，这样才能赢得下属的追随。完全归功于自己，是作为一个领导者很容易犯的错。任何工作，绝不可能始终靠一个人去完成，即使是一些微不足道的协助，也是尤为重要的。作为领导，当下属有功劳时，绝不可抹杀部属的努力，这是绝对要牢记的。

一个让下属放心追随的领导者，面对功劳时，不会独占；面对过错时，也不会全部归到下属身上。在人们眼里，即使领导没有过错，但他的下属犯错了，也等于他犯了错——犯了监督不力或用人不当的错。作为上司，在下属闯祸之后，不要落井下石，更不要找替罪羊，而应勇敢地站出来，实事求是地为下属辩护，主动承担责任，这样才能得到下属的拥戴，下属才会把他当成真正的靠山。

魏扶南大将军司马炎，命征南将军王昶、征东将军胡遵、镇南将军毋丘俭讨伐东吴，与东吴大将军诸葛恪对阵。毋丘俭和王昶听说东征军兵败，便各自逃走了。

朝廷将惩罚诸将，司马炎说："我不听公休之言，以至于此，这是我的过错，诸将何罪之有？"雍州刺史陈泰请示与并州诸将合力征讨胡人，雁门和新兴两地的将士，听说要远离妻子打胡人，都纷纷造反。司马炎又引咎自责说："这是我的过错，非玄伯之责。"

士人们听说大将军司马炎能勇于承担责任，敢于承认错误，莫不叹服，都想报效朝廷。司马炎引二败为己过，不但没有降低他的威望，反而提高了他的声望。

古人云："覆巢之下，安有完卵"。如果出了问题就把责任推给别人，或者别人出了问题就认为和自己无关，这样的军队无疑是缺乏战斗力的。如果司马炎讳败推过，将责任推给下属，必然上下离心，哪还会有日后以晋代魏的局面呢？

那种不分青红皂白，无论下属的过错是否与自己有关都大发雷霆，不时强调"我早就告诉你要如何如何"或"我哪里管得了那么多"之类言语的领导们，不仅使下属更不敢于正视问题、不再感到丝毫内疚，而且避免不了下属会大闹情绪，甚至永远不可能再拥戴他们。由此可知，领导者应该做的，是勇于承担责任，并将这种"揽过"的精神渗入每个人的心中。

✳ 在其位，善谋且只谋其政

中国自古就有"不在其位，不谋其政"的说法，其有四个方面的含义，即"在其位，谋其政""在其位，不谋其政""不在其位，谋其政"、"不在其位，不谋其政"。其中"在其位，谋其政"和"不在其位，不谋其政"是最重要的原则，作为一个领导者必须深谙此道。

一次，齐宣王问孟子："不为者与不能者之形，何以异？"即两者之间有什么差异？孟子答曰："挟泰山以超北海，语人曰：'我不能'，是诚不能也。为长者折枝，语人曰：'我不能'，是不为也，非不能也。"意思是说，要人做背着泰山以超越北海的事情，如果他回答不能做到，那是真的不能，但是让他为长者折一段树枝，他如果说不能，那就是有这个能力而不去做了。

南怀瑾对孟子这一比喻进行了阐释，即一个普通人当然做不到"挟泰山以超北海"，但是如果集中天下人的力量，那就另当别论了。这里

孟子是暗示齐宣王，你有施行仁政的权力和能力，不是做得到做不到的问题，只是你肯不肯做而已。正是在其位，就要谋其政也。

三国时期，"运筹帷幄之中，决胜千里之外"的诸葛亮身居丞相之位，兢兢业业，鞠躬尽瘁，事必躬亲，处理政务通宵达旦，极度辛劳，以致身体日渐消瘦。虽然诸葛亮乃旷世之才，可他的事必亲躬，已经超出主管政事的权限。长此以往，健康不仅受损，办事效率也会降低。这时，蜀国主簿杨仪"以家论国"，诚心劝谏诸葛亮，"处理政务有一定制度，上下不能超越权限而相互侵犯"。

杨仪是如此劝谏诸葛亮的，他说："一家之中，主人负责持家，男仆负责种地，女仆负责做饭，鸡负责报晓，狗专门吠叫防盗，牛的任务是驮运货物，马专门在出远门时使用。只要职责明确，主人的需求也就可以满足了。可是突然有一天，主人要自己包揽所有家务，不再分派任务给其他人。于是，主人耗时耗力，弄得身疲力乏。究其原因，是他丢掉了当家做主的规矩。"诸葛亮听后，觉得非常有理——放权于别人，并不失为政之道理。因此，他欣然采纳了杨仪的建议。

一家之中，主人负责持家，男仆负责种地，女仆负责……

　　这就是"不在其位，不谋其政"的道理，只有各司其职，才能出效率，出成绩！不在其位，可以不谋其政。相反，如果一旦身在其位，就必须善用其权，该做的，必须做到，不仅要做，还要做好。否则，于人于己，于家于国，都是有害而无利也。

　　清代纪晓岚的《阅微草堂笔记》里记载了这样一个故事：

　　一位官员死了之后去见阎王，自称清廉，所到之处只饮一杯水，不收一分钱，自认无愧于心。不料，阎王却大声训斥道："不要钱即为好官，植木偶于堂，并水不饮，不更胜公乎？"官员辩解："某虽无功，亦无罪。"阎罗王又言："公一生处处求自全，某狱某狱，避嫌疑而不言，非负民乎？某事某事，畏烦重而不举，非负国乎？三载考绩之谓何？无功即有罪矣。"

这个故事对古代庸官刻画得入木三分。这种庸官的形象放在现代社会，就是"不求有功，只求无过"的态度和形象，表现为：办事拖拉、工作推诿、纪律涣散、政令不畅，虽然两袖清风，但却无所作为。而庸官之害恰恰在于其"在其位而不谋其政"，不能想群众之所想、急群众之所急，误国误民。想要成就一番事业的领导必须剔除这种庸官的逻辑。

所以古人说："坐而论道，谓之王公；作而行之，谓之士大夫。"为官者需要各司其职，各尽其能。明君也好、清官也好，为民办实事的县长、局长也好，或者是各个企业的领导也好，既然有了一个足以施展抱负的位子，那么就应该在其位子上尽心尽力，出谋划策，将自己的本职工作做到最好。如果一个人在其位而善用其权，在复杂的竞争中，能适时放权，收敛自己的锋芒，本分行事与适时突破相结合，那么他就能在自己的生存圈子里游刃有余，且不会成为庸人，虚度一生。

但对于旁观者来说，虽然可以依据自己的理解提出意见和建议，但不应该在私下里议长论短，致使在职者无法开展工作。毕竟当你不十分了解一个职位的责任与权利时，是没有理由妄加指责的。与此同时，一个人担任了某个职位，就必须要不断学习，以使自己能够胜任。

人生有时候就像一出戏：如果你想在自己的位置上扮演好自己的角色，首先应该把自己的剧本与戏路揣摩清楚；如果你想对别人的角色有所了解，也要深入了解之后再发表意见，不要仅凭表面的猜测去指手画脚。

✴ 抱残守缺，花开半朵

南怀瑾说，一般人误解了老子与《道德经》，把老子提倡的阴柔哲学误认为是权术之源头。实际上所谓的权术，不过是暗合了老子说的某些道理而已。明哲保身只是一个为官者的生存之道。把老子说成是阴谋家，是扣了一个大帽子。那么明哲保身的法宝到底是什么呢？其实一言以蔽之就是：抱残守缺。

春秋时期，郑庄公准备伐许。战前，他先在国都组织比赛，挑选先行官。将士们一听露脸立功的机会来了，都跃跃欲试，准备一显身手。

将士们首先进行击剑格斗，都使出了浑身本领，争先恐后。经过轮番比试，选出6个人来，参加下一轮的射箭比赛。在射箭项目上，击剑格斗中取胜的6名将领各射3箭，以射中靶心者为胜。最后颖考叔与公孙子都打了个平手。

可先行官只能有一位，所以，他们俩还得进行一次比赛。后来，庄公派人拉出一辆战车来，说："你们二人站在百步开外，同时来抢这部

战车。谁抢到手，谁就是先行官。"公孙子都轻蔑地看了颍考叔一眼，
哪知跑到一半时，公孙子都不小心，脚下一滑，跌了个跟头。等爬起来
时，颍考叔已抢车在手。公孙子都当然不服气，于是提了长戟就来夺
车。颍考叔一看，拉起车来飞步跑开，庄公忙派人阻止，宣布颍考叔为
先行官。公孙子都因此对颍考叔怀恨在心。

战争开始了，颍考叔果然不负庄公所望，在进攻许国都城时，手举
大旗率先从云梯冲上许都城头。眼看颍考叔就要大功告成，公孙子都记
起前事，竟抽出箭来，搭弓瞄准城头上的颍考叔射去，一下子把没有防
备的颍考叔射死了。

所谓"花要半开，酒要半醉"，凡是鲜花盛开娇艳的时候，不是
立即被人采摘而去，也会是衰败的开始。颍考叔正是不知收敛，精明过
头，才落得个惨死的下场。能取得头名固然圆满，但是就此丧生却不如
残缺。

很多人在官场能如鱼得水，其实就是因为他们深知"抱残守缺"的

道理。抱残守缺不是说故步自封，停滞不前，而是说要恰到好处，点到为止。所谓"残缺"是相对于你心理希望得到的全部而言的。自己所得为残，自给自足为缺。

古代就有很多臣子在与皇帝共同打下天下后，急流勇退。因为他们都懂得"抱残守缺"的道理，刘备在白帝城托孤，他告诉诸葛亮可以将未来的皇帝取而代之，而诸葛亮誓死也没有同意。这种见好就收是一种修为，并不是每个人在面对诱惑时都能抑制住自己的冲动。

我们今天处在高度竞争的社会里，虽然应该相信人们是友好的，但是这并不是说不存在坏人，很多时候别人对你落井下石，你会防不胜防。知道抱残守缺，懂得守住自己的一亩三分地，能够辨别"残缺"的范围，能够掌握做事情的度，对我们来说是很有用的。

世路艰难，自恃人生

想在繁华世界实现人生价值，提高自身的价值才是成败的关键。把握自己的命运，忍耐遭遇到的是是非非，以宽广的胸襟对待别人，心中对未来从来不失信心，这就是成功之道。做石缝里的小草，绝处逢生，忍耐命运的不公，把握自己的方向。

✳ 把握自己的命运

南怀瑾曾感慨孟子的遭遇，却认同其虽因生不逢时，郁郁不得志，而始终为人伦正义、传统文化的道德政治奔走呼号的品格。"莫看船儿无底，有心就能渡河"，他明知不可为而为之，将自己的人生价值发挥到了最大化。直至老之将至，坦然面对自己的失败，传道授业，著书立说，就如寒梅般，在冰雪中怒放。孟子是典型的生不逢时者，凄凄然惹人生怜，却也心生敬佩。

很多人都说上天是公平的，但这大多是无奈之下的自我安慰。上天很少会眷顾人类，命运无常才是真道理。因此与其把人生寄托于天意，不如把握在自己的手里，无论是生逢其时，还是生不逢时，都要扼住命运的咽喉，与其抗争到底，绝不轻易言败、妥协，生命的意义也会因此而变得更加深刻。

在美国，有一位穷困潦倒的年轻人，即使在身上全部的钱加起来都不够买一件像样的西服的时候，仍能全心全意地坚持着自己心中的梦想，他想做演员、拍电影、当明星。

当时的好莱坞共有500家电影公司，他逐一数过，并且不止一遍。

后来，他又根据自己认真划定的路线与排列好的名单顺序，带着自己写好的为自己量身定做的剧本前去拜访。但第一遍下来，500家电影公司竟然没有一家愿意聘用他。

面对百分之百的拒绝，这位年轻人没有灰心，从最后一家被拒绝的电影公司出来之后，他又从第一家开始，继续他的第二轮拜访与自我推荐。在第二轮的拜访中，500家电影公司依然全部拒绝了他。

第三轮的拜访结果仍与第二轮相同。这位年轻人咬咬牙开始了他的第四轮拜访，当拜访完第349家后，第350家电影公司的老板破天荒地答应愿意让他留下剧本先看一看。几天后，年轻人获得通知——那家电影公司请他前去详细商谈。就在这次商谈中，这家公司决定投资开拍这部电影，并请这位年轻人担任自己所写剧本中的男主角。

这部电影名叫《洛奇》。而年轻人的名字就叫西尔维斯特·史泰龙。现在翻开电影史，这部叫《洛奇》的电影与这个日后红遍全世界的电影巨星皆是榜上有名。

妥协是生命的枯萎，也是人生的悲哀。面对生命的困苦与波折，我们要学习史泰龙勇于与命运斗争的精神——对生活抱有希望，为实现自己的目标，不管遭受多少冷漠和白眼，依然能以平和的心态走自己的路，这就是大智大勇之人。史泰龙已经视磨难为雕琢自己的刻刀，自己则会随着打磨雕刻变得越来越出色。

语我世人，即使生不逢时，也不必叹息，坚持本色精神，让生命高蹈，舞出属于自己的天地。走适合自己的路，把心胸放到更远更阔，把视野放到更大更广，即使脚下无船，只要心中有船，也可以在滔滔大河中畅快淋漓地前行。

✳ 大辩不言，无视即是反击

在现实生活中，口舌之交是人际沟通中最重要的一种方式。在这个沟通过程中，说来说去，自难免有失真之语。诽谤就是其中的一种攻击性很强的恶意伤害行为。俗语云：明枪易躲，暗箭难防。也许，在很多时候，诽谤与流言并非我们所能够制止的，甚至是有人群的地方就有流言。那么，在生活中我们对待流言的态度就显得十分重要，正如美国总统林肯所说："如果证明我是对的，那么人家怎么说我都无关紧要；如果证明我是错的，那么即使花十倍的力气来说我是对的，也没有什么用。"林肯的观点与南怀瑾对待诽谤的态度——遇谤不辩是如出一辙的。

《新唐书》中有一则武则天与狄仁杰的故事：

武则天称帝后，任命狄仁杰为宰相。有一天，武则天问狄仁杰："你以前任职于汝南，有极佳的表现，也深受百姓欢迎。但却有一些人总是诽谤诬陷你，你想知道详情吗？"狄仁杰立即告罪道："陛下如认为那些诽谤诬陷是我的过失，我当恭听改之；若陛下认为并非我的过失，那是臣之大幸。至于到底是谁在诽谤诬陷，如何诽谤，我都不想知道。"武则天闻之大喜，推崇狄仁杰为仁师长者。

俗话说：流言止于智者，真正有智慧的人是不会被流言中伤的。因为他们懂得用沉默来对待那些毫无意义的流言诽谤。鲁迅先生曾经说过："沉默是最好的反抗。这种无言的回敬可使对方自知理屈，自觉无趣，获得比强词辩解更佳的效果。"在面对无聊的人的谣言攻击时，唯一的态度就是不辩。无视对方，就是给对方最好的反击。

正如南怀瑾告诉我们的那样，浊者自浊、清者自清，用不着过多的解释，也没必要整天为着别人说过的话而给自己平添烦恼。就用心如止水来应对诽谤，令其被时间洗礼，荡涤掉表面的伪装，诽谤自然不攻自破。在生活中，拥有"不辩"的胸襟，就不会与他人针尖对麦芒，睚眦必报；拥有"不辩"的情操，宽恕会永远多于怨恨。

在白隐禅师所住的寺庙旁，有一对夫妇开了一家杂货店，家里有一个漂亮的女儿，无意间，夫妇俩发现尚未出嫁的女儿竟然怀孕了。这种见不得人的事，使得她的父母震怒异常！在父母的一再逼问下，她终于吞吞吐吐地说出"白隐"两字。

　　她的父母怒不可遏地去找白隐理论，但这位大师不置可否，只若无其事地答道："就是这样吗？"孩子生下来后，就被送给白隐，此时，他的名誉虽已扫地，但他并不以为然，只是非常细心地照顾孩子——他向邻居乞求婴儿所需的奶水和其他用品，虽不免横遭白眼，或是冷嘲热讽，他总是处之泰然，仿佛他是受托抚养别人的孩子一样。

　　事隔一年后，这位没有结婚的妈妈，终于不忍心再欺瞒下去了，她老老实实地向父母吐露真情：孩子的生父是住在同村的一位青年。她的父母立即将她带到白隐那里，向他道歉，请他原谅，并将孩子带回。

　　白隐仍然是淡然如水，他只是在交回孩子的时候，轻声说道："就是这样吗？"仿佛不曾发生过什么事；即使有，也只像微风吹过耳畔，霎时即逝！

　　白隐为给邻居女儿以生存的机会和空间，代人受过，牺牲了为自己洗刷清白的机会，受到人们的冷嘲热讽，但是他始终处之泰然，只有平平淡淡的一句话——"就是这样吗？"面对诽谤，白隐显得那么淡然自若，其修为之深不可预测。也许有人会说他傻得可怜，然而对于修佛之人来说，心容万物，藏污纳垢，其实算不得什么，反而体现出大无畏的精神。

　　《庄子·内篇·齐物论第二》讲道："夫大道不称，大辩不言，大仁不仁，大廉不谦，大勇不忮。道昭而不道，言辩而不及，仁常而不成，廉清而不信，勇忮而不成。"这句话的意思是指，至高无上的真理是不必宣扬的，最了不起的辩说是不必言说的，最具仁爱的人是不必向人表示仁爱的，最廉洁方正的人是不必表示谦让的，最勇敢的人是从不伤害他人的。真理完全表露于外那就不算是真理，逞言肆辩总有表达不到的地方，仁爱之心经常流露反而成就不了仁爱，廉洁到清白的极点反而不太真实，勇敢到随处伤人也就不能成为真正勇敢的人。

　　南怀瑾认为，只要具备这五个方面就是融汇了做人的道理。真理不必宣扬，做人不必标榜。真正有修养的人，即使在面对诽谤时也是极具君子风度的。

面对生活中的种种误解与猜疑，就让我们做"流言止于智者"中的智者，宽容豁达地面对一切风风雨雨，我们的人生必将是另一种局面。

✦ 以直报怨，以德报德

南怀瑾感慨战国时期各国百姓生活得水深火热，从而分析其原因，指出当时各国之所以走富国强兵的路线，大多都是为了雪耻强国。这是战国时代各国间共同的情况——相当于个人之间的冤冤相报、以怨报怨。在循环报复的思想下，绵延了几百年的战乱苦了几代百姓。

东汉时期，苏不韦的父亲苏谦曾做过司隶校尉。另一个官员李皓和苏谦素有嫌隙，因此怀着私愤把苏谦判了死刑。当时苏不韦只有18岁，他把父亲的灵柩送回家，草草下葬，又把母亲隐匿在武都山里，自己改名换姓，用家财招募刺客，准备刺杀李皓，以报杀父大仇，但刺杀一直没有成功。很久以后，李皓升为大司农。

苏不韦暗中和人在大司农官署的北墙下开始挖洞，夜里挖，白天则躲藏起来。干了一个多月，终于把洞打到了李皓的寝室下。一天，苏不韦和他的人从李皓的床底下冲了出来，不巧李皓出去了，于是杀了他的妾和儿子，留下一封信便离去了。李皓回房后，看到这个场面大吃一惊，以后他每天都在室内布置许多荆棘，晚上也不敢安睡。苏不韦知道李皓已有准备，杀死他已不可能，就挖了李家的坟，取了李皓父亲的头拿到集市上去示众。李皓听说此事后，心如刀绞，又气又恨，却不敢声张，没过多久就吐血而死。

苏不韦的一生生活在仇恨之中，为报仇竭心尽力。李皓只因一点儿私人恩怨无法忍受，就置人于死地，结果招致老婆孩子被杀，已死的父亲也跟着受辱，自己最终气愤而死，被天下人耻笑，真是愚蠢至极。以怨报怨就是如此，仇恨双方都得不到好处，这是一种"双输"的行为。因此何不将"冤冤相报何时了"变成"相逢一笑泯恩仇"的双赢，用一颗宽容的心对待仇恨呢？

古人云："冤冤相报何时了，得饶人处且饶人。"这是一种宽容，一种博大的胸怀，一种不拘小节的潇洒，一种伟大的仁慈。自古至今，宽容被圣贤乃至平民百姓尊奉为做人的准则和信念，而成为中华民族传统美德的一部分，并且视为育人律己的一条光辉典则。宽容也是一种幸福，饶恕别人，不但给了别人机会，也赢得了别人的信任和尊敬，自己也能够与他人和睦相处。

当然宽容并不是"以德报怨"，这是一种没有原则的宽容。孔子提倡"以直报怨，以德报德"，体现出了老夫子的睿智，因为宽容也是有条件、有原则的，不可因一味宽容而纵容邪恶，这会造成更大的伤害。

孔子为什么不赞成以德报怨呢？我们的人生经验会告诉我们，有的人德行不够，无论你怎么感化，他也难以修成正果。所谓江山易改，禀性难移，一个人如果已经坏到底了，那么我们又何苦把宝贵的精力浪费在他的身上度化他呢？现代社会生活节奏的加快，使得我们每个人都要学会在快节奏的社会中生存，用自己宝贵的时光做出最有价值的判断和选择。你在那里耗费半天的时间，人家或许根本就不领情，既然如此，就不用再做徒劳的事情了。这是很实际的观点，适用于生活的各个方面。

南怀瑾结合不同的宗教教义进一步解释了孔子的"抱怨"观点："以直报怨"，以直道而行。是是非非，善善恶恶，对我好的当然对他好，对我不好的我就不理他，这是孔子主张的明辨是非思想。但是，我们要记住，如果对方错了，要告诉他错在何处，并要求对方就其过错补偿。如果不论是非，就不能确定何为"直"，"以直报怨"的"直"不是直接的意思，事实上只有"以怨报怨"才是直接的方式。"直"，既要有道理，也要告诉对方，你哪里错了，什么地方侵犯了我。

经济学家茅于轼陪一位外国朋友去首都机场，并打了辆出租车，等到从机场回来，他发现司机做了小小的手脚，没按往返计费，而是按"单程"的标准来计价，多算了60元钱。这时候有三种方法可以选择：一是向主管部门告发这个司机，那么他不但收不到这笔车费，还将被处罚；二是自认倒霉，算了；三是指出其错误，按应付的价钱付费。

外国朋友建议用第一种办法，茅于轼选择了第三种，他说，这是一种有原则的宽容，我不会以怨报怨，也不会以德报怨，而是以直报怨。如我仅还以德，那么他将不知悔改，实质上是在纵容他；我若还以怨，斤斤计较，则影响了双方的效率与效益；我指出他的错误，然后公平地对待他，则是最直截了当的方法。

生活中人们不可避免地会被他人侵犯、伤害或妨碍，有的人可能是无意中冒犯了你，有的人可能是为了某种原因冲撞了你，有的人可能是为了一些蝇头小利而让你反感。这些算不上大奸大恶的小事，多是道德领域中的事，未必能达到法律的高度。咽下去，心有不甘；针锋相对，实在不值，此时完全可以选择以直报怨。

虽然有人开玩笑似的说："以德报德是正常现象，以怨报怨是平常现象，以怨报德是反常现象，以德报怨是超常现象。"但是以怨报怨，最终得到的还是怨气，前人有云"仇报仇兮怨报怨，冤冤相报妄相缠"，没完没了，实在可怕；以德报怨呢，除非修为和实力真的达到一定境界，否则只会让你心中不知不觉存积更多的不甘。其实，做人只要以直报怨，以有原则的宽容待人，问心无愧即可。毕竟宽容不是纵容，不要让有错误的人得寸进尺，把错误当成理所当然的权利，继续侵占原本不属于他的空间。挑明应遵守的原则，柔中带刚，思圆行方，可以宽容他错误的行为，但要改正他的错误，如此一来，于己于人都有利，既不必委曲求全，也不用睚眦必报，还坚持了自己的原则，三者皆能平衡，生活也会多一点点快乐。

✳ 重拾梦想，未来不会总是令人失望

孔子曾告诫弟子颜回，对于自己的人生观都还没有确定，学问道德修养都还不够时，哪里有资格去指点别人行为的得失。一个人没有自己的人生观，没有人生的方向，没有确定自己活着究竟要做一个什么样的人，究竟要做什么事，而总是跟着环境在转，就犯了庄子说的那句"所存于己者未定"的毛病，即对于自己人生方向都没有确定，这样的人临死前回头思量，定会备感悲哀。

南怀瑾认为，人生的方向即是人生的哲学。每个人都有自我存在的价值，选择一个目标，也等于明确了人生的方向，这样才不至于迷失。

六十多年前，在美国旧金山市，一位演员喜得贵子。由于父亲是演员，这个男孩从小就有了跑龙套的机会，他渐渐产生了当一名演员的梦想。可由于身体虚弱，父亲便让他拜师习武来强身。1961年，他考入华盛顿州立大学主修哲学，后来，他像所有正常人一样结婚生子。但在心底，他从未放弃过当一名演员的梦想。

一天，他与朋友谈到梦想时，随手在一张便笺上写下了这样一段话："我，布鲁斯·李，将会成为美国最高薪酬的超级巨星。作为回报，我将奉献出最激动人心、最具震撼力的演出。从1970年开始，我将会赢得世界性声誉；到1980年，我将会拥有1000万美元的财富，那时候我及家人将会过上愉快和谐、幸福的生活。"

我，布鲁斯·李，将会成为美国最高薪酬的超级巨星。作为回报……

　　其实他那时过得穷困潦倒。可以预料，如果这张便笺被别人看到，会引起什么样的白眼和嘲笑。然而，他却牢记着便笺上的每一个字，克服了无数常人难以想象的困难。有一次，他曾因脊背神经受伤而在床上躺了4个月，但后来他却奇迹般地站了起来。

　　1971年，他主演的《猛龙过江》等几部电影都刷新了香港票房纪录。1972年，他主演了香港嘉禾公司与美国华纳公司合作的《龙争虎斗》，这部电影使他成为一名国际巨星，并被人们誉为"功夫之王"。1998年，美国《时代》周刊将其评为"20世纪英雄偶像"之一，他是唯一入选的华人。他就是"最被欧洲人认识的亚洲人"——李小龙，一个迄今为止在世界上享誉最高的华人明星。

1973年7月，李小龙英年早逝。在美国加州举行的李小龙遗物拍卖会上，这张便笺被一位收藏家以29万美元的高价买走，同时，2000份获准合法复印的副本也当即被抢购一空。

辉煌的人生在很大程度上取决于一开始选择的人生方向，幸福生活也离不开这个方向的指引。人们不仅要自我反省、向人请教"我是什么样的人"，还需要很清楚地知道"我究竟需要什么"，包括想成就什么样的事业，结交什么样的朋友，培养和保留什么样的兴趣爱好，过一种什么样的生活？这些选择是相对独立的，但却是在一个系统内彼此呼应的，它们的有机结合组成了人生目标，人们应当按照这个目标走好未来的每一步路。

闻名于世的摩西奶奶是美国弗吉尼亚州的一位农妇，76岁时因关节炎放弃农活，这时她又给了自己一个新的人生方向，开始了她梦寐以求的绘画。80岁时，摩西奶奶到纽约举办画展，引起了意外的轰动。她活了101岁，一生留下绘画作品六百余幅，在生命的最后一年还画了四十多幅。

不仅如此，摩西奶奶的行动也影响到了日本大作家渡边淳一。渡边淳一从小就喜欢文学，可是大学毕业后，他一直在一家医院里工作，这让他感到很别扭。马上就30岁了，他不知该不该放弃那份令人讨厌却收入稳定的职业，以便从事自己喜欢的写作。于是他给耳闻已久的摩西奶奶写了一封信，希望得到她的指点。摩西奶奶很感兴趣，当即给他寄了一张明信片，她在上面写下这么一句话：做你喜欢做的事，上帝会高兴地帮你打开成功之门，哪怕你现在已经80岁了。

的确，年龄从来不是人们放弃梦想的借口，即使曾经浑浑噩噩，只要重新拾起梦想，未来就不会总是令人失望。人生如一段旅程，方向非常重要，每个人都可以掌握自己人生的方向，也就是一直追求的梦想。找到人生方向、生活目标的人，是最充实、最快乐的人，因为他们每天都在追求能令他们愉悦和满意的生活，生命也因此变得更加有内涵。

南怀瑾说，人生的哲学与人生的方向是相互平行的，在寻梦的过程中，应不断地做出总结，也就是产生世界观。可能你会一时间走了一条你并不喜欢的路，那是被生活所迫，那么就把这段"错路"当成一种经历，丰富生命的内涵；也可能你一开始并不知道做什么，而在日积月累中发现目标方向，才为之奋斗。不管怎样，无论处于何种境地，你一定要为自己做出规划，把自己的"哲学体系"建立起来，这样的人生才更完满。

很多时候，我们过于专注脚下的路，而忘记了眺望前方，很容易就丢了原来前进的方向，迷失在山野丛林中，迷失于茫茫大海上。因此不管身在何处，不管经历的是曲折还是苦痛，我们都不能忘掉所指向的目标，如果走得太累，那么就请抬起头看看前方，也回头审视一下自己的脚印是否倾斜。

✳ 莫以身轻失天下

有人说，世界上只有两种动物能到达金字塔顶：一种是老鹰，还有一种就是蜗牛。鹰矫健、敏捷、锐利；蜗牛弱小、迟钝、笨拙。鹰残忍、凶狠，杀害同类从不迟疑；蜗牛善良、厚道，从不伤害任何生命。鹰有一对飞翔的翅膀；蜗牛背着一个厚重的壳。两种截然不同的动物，相距何止几千里，能力何止天壤之别，然而鹰能做到的，偏偏蜗牛也做到了。蜗牛之所以能到达金字塔顶，主观上是靠它永不停息的执着精神，客观上则应归功于它厚厚的壳。蜗牛的壳，非常坚硬，它是蜗牛的保护器官，在粗糙的金字塔上，风儿吹沙儿残，靠着这个壳子，蜗牛有了遮挡沙暴的工具，才能有足够的时间和强壮的身体达到不可企及的高度。曾经有人看见蜗牛顶着厚重的壳艰难爬行，好心地替它把壳去掉，让它轻装上阵，结果蜗牛很快就死了，这个现象深刻地说明，有时有所背负反而能走得更远。没有了压力，就会失去前进的动力。

老子说："重为轻根，静为躁君。是以君子，终日行不离辎重，虽有荣观，燕处超然。奈何万乘之主，而以身轻天下？轻则失根，躁则失君。"南怀瑾解释说，厚重是轻率的根本，静定是躁动的主宰。因此君子终日行走，不离开载装行李的车辆，虽然有美食胜景吸引着他，却能安然处之。为

重为轻根，静为躁君。是以君子，终日行不离辎重……

什么大国的君主，还要轻率躁动以治天下呢？轻率就会失去根本，急躁就会丧失主导。

"重为轻根"的"重"字，可以牵强地作为重厚沉静的意义来解释，重是轻的根源，静是躁的主宰。"圣人终日行而不离辎重"，并非简单指旅途之中一定要有所承重，而是要学习大地负重载物的精神。大地负载，生生不息，终日运行不息而毫无怨言，也不向万物索取任何代价。生而为人，应效法大地，有为世人众生挑负起一切痛苦重担的心愿，不可一日失去这种负重致远的责任心。南怀瑾语重心长地说，这便是"圣人终日行而不离辎重"的本意。

有两个空布袋，想能够站起来，便一同去请教上帝。上帝对它们说，要想站起来，有两种方法，一种是得自己肚里有东西；另一种是让别人看上你，一手把你提起来。于是，一个空布袋选择了第一种方法，高高兴兴地往袋里装东西，等到袋里的东西快装满时，袋子稳稳当当地站了起来。另一个空布袋想，往袋里装东西，多辛苦，还不如等人把自己提起来，于是它舒舒服服地躺了下来，等着有人看上它。它等啊等啊，终于有一个人在它身边停了下来。那人弯了一下腰，用手把空布袋提起来。空布袋兴奋极了，心想，我终于可以轻轻松松地站起来了。那人见布袋里什么东西也没有，便顺手又把它扔了。

"轻则失根，躁则失君。"人们不能自知修身涵养的重要，犯了不知自重的错误，不择手段，只图眼前攫取功利，不但轻易失去了天下，同时也戕杀了自己。

提及身轻失天下，不由让人想到新朝王莽。当了15年新朝皇帝的王莽，是近两千年来中国历史上争议最多的人物之一，有人把他比作"周公再世"，是忠臣孝子的楷模；有人把他看成"曹瞒前身"，是奸雄贼子的榜首。白居易一语道破天机："向使当初身便死，一生真伪复谁知！"只有经过时间的考验，才能对一个人盖棺定论，否则就会把周公当成篡权者，把王莽当作谦恭的正人君子了。本末倒置的事情古人没少做，就是因为把自己的本给忘了。

王莽是汉王朝皇太后王政君弟弟王曼的儿子，父辈中九人封侯，父亲早死，孤苦伶仃。与同族同辈中声色犬马的纨绔子弟相比，王莽聪明伶俐，孝母尊嫂，生活俭朴，饱读诗书，结交贤士，声名远播。他曾几个月不眠不休地悉心侍候伯父王凤，深得这位大司马大将军的疼爱。加官晋爵后的王莽依旧行为恭谨，生活俭朴，深得赞誉。正当王莽踌躇满志之时，成帝去世，哀帝即位，王莽的靠山王政君被尊为太皇太后，失去了权力，王莽失势，并一度回到了自己的封国。这段时间，王莽依然克己节俭，结交儒生，韬光养晦。为了堵住悠悠之口，哀帝以侍候王太后的名义，把王莽重新召回京师。随着年仅9岁的汉平帝即位，王莽将军国大政独揽于一身，其野心也急剧膨胀。而后，一心想当帝王的王莽，假借天命，征集天下通今博古之士及吏民48万人齐集京师，"告安汉公莽为皇帝"的天书应运而生，王莽也理所应当地由"安汉公"而变为摄皇帝、假皇帝。"司马昭之心，路人皆知"。在平定了几多叛乱之后，王莽宣布接受天命，改国号为"新"，走完了代汉的最后一幕。

称帝后，他仿照周朝推行新政，屡次改变币制，更改官制与官名，削夺刘氏贵族的权利，引起豪强不满；他鄙夷边疆藩属，将其削王为侯，导致边疆战乱不断；赋役繁重，刑政苛暴，加之黄河改道，以致饿殍遍野。王莽最终在绿林军攻入长安之时于混乱中为商人杜吴所杀，新朝随之覆灭。

老子所谓："及吾无身，吾有何患。"南怀瑾给出解释，人的生命价值，在于其身存。志在天下，建丰功伟业者，正是因为身有所存。现在正因为还有此身的存在，因此，应该戒慎恐惧，时刻保持警惕心态，不能忘本，要自知身份。不应以一己私利而谋天下大众的利益，唯有立大业于天下人，才不负生命的价值。可惜为政者，大多只图眼前私利而困于个人权势的欲望中，以身轻天下的安危而不能自拔，由此而引出老子的奈何之叹。

佛家有云：菩提本无树，明镜亦非台，本来无一物，何处惹尘埃。菩提是草本植物，硬是充作树木，惹来嘲笑，如能看清自己的本质，悠然自在地活着，不是更让人青睐吗？你本是野云，硬做雨云压低身体，也要与尘世接壤，听得几声人类的畏言，当遇到了山峰时，你又如何能飘过呢？

十一

人生不过一念间

人生不过一念间，或觉得自己"撑着不死"，或觉得自己"好好活着"。看似相同，却蕴含着人生态度的极大不同。我们的人生该怎么样？淡泊，才能获得幸福。因为淡泊，我们才是好好活着；因为淡泊，我们才能耐心等待。

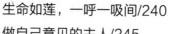

✳ "撑着不死"与"好好活着"的一线之隔

庄子对"屈服"的解释，跟现代人有大不同。在普通人看来，屈服是不得不低头的意思，然而庄子却从欲望的角度解释："屈服者，其嗌言若哇。其耆欲深者，其天机浅。"生活在世上的人，大多都会觉得很委屈，因为心里始终有股烦恼压抑其中，无法倾吐，导致"其耆欲深者，其天机浅"。南怀瑾解释说，物质文明越发达，人在世间的知识越多，本事越大，欲望就越大，也越来越违反自然，离"道"（即天机）就越来越远了。

人生总是如此，不如意事可以排队跟在身后，能对别人说的也没几件。找不到倾吐的地方，当然懊恼万分。然而，愉悦是一世，痛苦也是一生，何必为了现实中的种种影响安然自在的心境呢？世事没有一帆风顺的，硬撑不死与好好活着，表面看来没什么区别，其实质却截然迥异。

大热天，禅院里的花被晒蔫了。"天哪，快浇点水吧！"小和尚喊着，接着去提了桶水来。"别急！"老和尚说："现在太阳大，一冷一热，非死不可，等晚一点再浇。"

傍晚，那盆花已经成了"霉干菜"的样子。小和尚见状，咕咕哝哝地说："一定已经干死了，怎么浇也活不了了。"

"浇吧！"老和尚指示。水浇下去，没多久，已经垂下去的花，居然全站了起来，而且生机盎然。

"天哪！"小和尚喊道："它们可真厉害，憋在那儿，撑着不死。"

老和尚纠正他："不是撑着不死，而是好好活着。"

"这有什么不同呢？"小和尚低着头，十分不解。

"当然不同。"老和尚拍拍小和尚，"我问你，我今年八十多了，我是撑着不死，还是好好活着？"

晚课结束了，老和尚把小和尚叫到面前问："怎么样，想通了吗？"

"没有。"小和尚低着头。

老和尚肃穆地说："一天到晚怕死的人，是撑着不死；每天都向前看的人，是好好活着。得一天寿命，就要好好过一天。那些活着的时候天天为了怕死而拜佛烧香，希望死后能成佛的，绝对成不了佛。"说到此，老和尚笑笑，又说："他今生能好好过，都没好好过，老天何必给他死后更好的生活？"

　　生命无常，世事也无常，得过且过虽然不对，但有时也是一种境界，因为这样的人活得自在潇洒，总比每天心惊胆战强上百倍。回过头再来看，人生应当选择撑着不死，还是好好活着呢？南怀瑾淡笑而言：生活已经摊开在你面前，是屈服地背道而行，还是坦然地积极行事，生活会告诉你不同的答案。

　　有一位高僧和一位老道，互比道行高低。相约各自入定以后，彼此追寻对方的心究竟隐藏在何处。和尚无论把心安放在花心中、树梢上、山之巅、水之涯，都被道士的心于刹那之间追踪而至。他忽悟因为自己的心有所执着，故被找到，于是便想："我现在自己也不知道心在何处。"也就是进入无我之乡，忘我之境，结果道士的心就追寻不到他的心了。

　　超然忘我，放下得失之心，不苦苦执着于自己的失与得、喜与悲，便不会活得那么"屈服"了。南怀瑾说，人的一生之中只有三件事，一件是"自己的事"，一件是"别人的事"，一件是"老天爷的事"。今天做什么，今天吃什么，开不开心，要不要助人，皆由自己决定；别人有了难题，他人故意刁难，对你的好心施以恶言，别人主导的事与自己无关；天气如何，狂风暴雨，山石崩塌，人能力所不能及的事，只能是"谋事在人，成事在天"，过于烦恼，也是于事无补。人活得"屈服"，离道越来越远，只是因为人总是忘了自己的事，爱管别人的事，担心老天的事。

由此可见，要轻松自在很简单：打理好"自己的事"，不去管"别人的事"就可以了。这就像做一个好人一样，其实相当容易，拥有幸福人生也很简单，只要少管不必要的闲事，生活就不会太累，看似有点不问世事、不负责任，实则对自己负责，就已经是对与你有关的人负责了。

生活是一件艺术品，每个人都有自己认为最美的一笔，每个人也都有认为不尽如人意的一笔，关键在于你怎样看待。有烦恼的人生才是最真实的；同样，认真对待纷扰的人生才是最舒坦的。情绪是可以调适的，只要你操纵好情绪的转换器，随时提醒自己，鼓励自己，你就能让自己常常有好情绪。当你心情烦躁的时候，可以散散步，把不满的情绪发泄在散步上，尽量使心境平和，在平和的心境下，情绪就会慢慢缓和而轻松。或者用繁忙的工作去补充、转换，也可以通过参加有兴趣的活动去补充、转换。如果这时有新的思想、新的意识突然冒出来，那些就是最佳的补充和最佳的转换。

心静如禅定，是佛祖追求的境界，人不是佛祖，自然做不到，但却可以把心尘一点点擦去，浮躁便会一点点消失。方寸不乱，生活的大局也就不乱，打理好自己的事儿，应该不会太难吧。

✳ 耐心等待，放下瞬即来

春秋时期，孔子的弟子子夏到莒父做宰辅，问孔了如何施行政策。孔子笑曰："无欲速，无见小利。欲速则不达，见小利则大事不成。"南怀瑾解释：孔子告诉他为政的原则就是要有远大的眼光，不要急功近利，不要想很快就能拿出成果来表现，也不要为一些小利益花费太多心力，要顾全到整体大局。所谓"欲速则不达"，就是南怀瑾提出来告诫人们的至理名言了。

一味主观地求急图快，违背了客观规律，事情很可能向相反的方向发展。因此，我们做事要摆脱速成心理，步步为营，达成目的便顺理成章了。

曾有一个小孩子很喜欢研究生物，想知道蛹是如何破茧成蝶的。有一次，他在草丛中玩耍时看见一只蛹，便取了回家，日日观察。几天以后，蛹出现了一条裂痕，里面的蝴蝶开始挣扎，想抓破蛹壳飞出来。艰辛的过程达数小时之久，蝴蝶在蛹里辛苦地拼命挣扎，却无济于事。

小孩看着有些不忍，便随手拿起剪刀将蛹剪开，蝴蝶破蛹而出。但没想到，蝴蝶挣脱以后，因为翅膀不够有力，变得很臃肿，根本飞不起来，之后便痛苦地死去。

破茧成蝶的过程原本就非常痛苦与艰辛，但只有付出这种辛劳才能换来日后的翩翩起舞。外力的帮助，反让爱成了害，违背了自然的过程，最终令蝴蝶悲惨而亡。自然界中这一微小的现象放大至人生，意义深远。

急于求成，恨不能一日千里，"一万年太久，只争朝夕"的人时常会"欲速则不达"，放眼社会，大多数人都知道这个道理，却总是背道而驰。事实上，很多历史上的名人是在犯过此类错误之后才懂得成功的真谛的。

宋朝的朱夫子是个绝顶聪明之人，他十五六岁就开始研究禅学，然而到了中年之时，才感觉到，速成不是创作良方，之后经过一番苦功，方有所成。他有一句十六字箴言将"欲速则不达"作了一番精彩的诠释："宁详毋略，宁近毋远，宁下毋高，宁拙毋巧。"

急于求成的人往往性格浮躁，做一件事情总恨不能马上做好。追求效率原本没错，然而，一旦过分追求便会丧失做事的目的性，最终一无所成。因为太过急功近利，必定造成目光短浅，只看到眼前的利益，盲从世俗、胸无大志、心胸狭窄，认为好吃好穿好玩乐便就是好。而为了吃穿玩乐，人就变得不择手段，不顾廉耻，成天绞尽脑汁投机取巧，什么人格、尊严、德行、操守、灵魂统统抛到九霄云外。这样的人只能终日大汗淋漓，忙忙碌碌，辛辛苦苦，最后一无所获，更别说享受了。我们可以观察生活中的每一位成功者，都不是通过以上的途径来完成的。作家会因为急于求成而写不出好作品，艺术家因为急于求成而忽视了艺术的内涵，运动员因为急于求成会有违规行为……为求得一时的痛快，以长远的痛苦作为代价，或许短暂地得到了名利，但今后呢？往往是期望越大，失望也越大。过度失望便会让你觉得活着真累，乃至毫无幸福可言。

南怀瑾主张力戒急于求成，希望世人学会等待。因为只有知道如何等待的人才具有深沉的耐力和宽广的胸怀。行事绝不要过分仓促，也不要受情绪左右。能制己者方能制人，在到达机会的中心地带之前，不妨先在时光的太空中漫游一番。明智的踌躇不仅可使成功更牢靠，也使机密之事能开花结果。

1910年，28岁的他只是一个从耶鲁大学中途辍学的木材商人。有一天，他在观看了一场飞行表演后突发奇想：为什么不把飞机改造成经济实用的交通工具呢？自此，他对飞机产生了浓厚的兴趣，并不断研究飞机的构造。因为那时飞机只处于启蒙时期，驾乘飞机只是少数人用以娱乐、运动的一种昂贵消费，所以当时科学界对他提出的所谓"发展航空事业"嗤之以鼻。但他并未就此放弃，而是开始了十几年如一日的飞机制造。

20世纪20年代，他觉得替美国邮政运送邮件将会是一桩赚钱的生意，于是决定参加"芝加哥—旧金山"邮件路线的投标。为了赢得投标，他把运输价格压得非常低，反而引起了专家们的怀疑，他们认为他的公司必倒闭无疑，甚至邮政当局也怀疑他能否撑得下去，要求他交纳保证金才肯签约。但他自信满满，他对公司所研制的飞机重量进行了严格的要求，不出所料，他的邮件运送业务开始获利。很快，他从运送邮件发展到载运乘客。

二战结束后，航空工业空前委靡，他的公司也停产了。为谋生计，他不得不转为制作家具，但仍想方设法供养着公司的几个重要骨干，以保证飞机研发计划能继续进行。他身边传来各种各样的声音，大部分人认为他太过狂热，不切实际，但他坚信，航空业终究会柳暗花明，他说："我可以预见未来……"

他就是这样特立独行、我行我素。今天，这个自以为是的人所创立的飞机制造公司成为全世界最大的商用飞机制造公司之一，他便是闻名全球的美国波音飞机制造公司的创始人——威廉·波音。

要想比别人看得远，我们就要比别人更有耐心；要想比别人走得远，我们就要比别人想得远些。一个想掌控未来的人，就应该像威廉·波音一样不要急于求成，并在不断失败中学会等待；否则，只会陷入眼前的困惑中，想不开，走不出，不仅会减缓成功的速度，也容易多走弯路，甚至遭遇险情。

命运对有耐心等待的人总是不会亏待的，获取难得之物的最好方法就是对它们的折磨不屑一顾。当你经受过了所有磨难之后，必会获得最后的成功。

✳ 只待花苞绽放

"无故寻愁觅恨，有时似傻如狂。"这是《红楼梦》里的一句诗，写的是贾宝玉令人难以琢磨的多愁性情。其实，正如南怀瑾所指出的，很多人都在"无故寻愁觅恨"，现在还是心情愉悦的，转眼就情绪低落了。"有时似傻如狂"，没有理由地变得"疯疯癫癫"的，为什么呢？说不清，道不明。就像南怀瑾说的那样，没由来地给自己找烦恼啊。

"百年三万六千日，不在愁中即病中"。世上的人每天都在忙碌、不安和烦恼中度过，除去一个烦恼，下个烦恼不请自来，愁生活，愁人情，愁工作，愁儿女，其实，更多的时候是顾影自怜……总之，各种各样的烦恼层出不穷，永不停息。但是，当你静下心来想想，一些事情是不是本来就无足轻重？有些烦恼是不是"自找"的呢？

有一位哲学家，当他是单身汉的时候，和几个朋友一起住在一间小屋里。尽管生活非常不便，但是，他一天到晚总是乐呵呵的。

有人问他："那么多人挤在一起，连转个身都困难，有什么可乐的？"

哲学家说："朋友们在一块儿，随时都可以交换思想、交流感情，这难道不值得高兴吗？"过了一段时间，朋友们一个个相继成家了，先后搬了出去。屋子里只剩下了哲学家一个人，但是每天他仍然很快活。

那人又问："你一个人孤孤单单的，有什么好高兴的？"

"我有很多书啊！一本书就是一个老师。和这么多老师在一起，时时刻刻都可以向它们请教，这怎能不令人高兴呢？"

几年后，哲学家也成了家，搬进了一座大楼里。这座大楼有七层，他的家在最底层。底层在这座楼里环境是最差的，上面老是往下面泼污水、丢死老鼠、破鞋子、臭袜子和杂七杂八的脏东西。那人见他还是一副自得其乐的样子，好奇地问："你住这样的房间，也感到高兴吗？"

"是呀！你不知道住一楼有多少妙处啊！比如，进门就是家，不用爬很高的楼梯；搬东西方便，不必费很大的劲儿；朋友来访容易，用不着一层楼一层楼地去叩门询问……特别让我满意的是，还可以在空地上养些花，种些菜。这些乐趣呀，数之不尽啊！"

后来，那人遇到哲学家的学生，问道："你的老师总是那么快快乐乐，可我却感到，他每次所处的环境并不是那么好呀。"

学生笑着说："决定一个人快乐与否，不是在于环境，而在于心境。"

世间的人却大多不能像哲人一样看得开，他们每天都被各种各样莫名其妙的烦恼所包围，心灵永远没有平静的时候，甚至在睡觉的时候，都在做各种各样奇怪的梦。《西厢记》里就有这样一句话："花落水流红，闲愁万种，无语怨东风。"没有可怨的了，把东风都要怨一下。哎！东风很讨厌，把花都吹下来了，你这风太可恨了。然后写一篇文章骂风，自己不晓得自己在发疯。这就是人的境界，"花落水流红，闲愁万种"是什么愁呢？闲来无事在愁。闲愁究竟有多少？有一万种。讲不出来的闲愁有万种，结果呢？一天到晚怨天尤人，没得可怨的时候，就怨起风物来了。风物哪里得罪你了？还是说不清楚。其实，常人会在那无故"寻愁觅恨"时无事找事，自寻烦恼，这样的情况太多，放下很不容易。

对外在的一点事物都在乎得茶饭不思，一筹莫展，肯定什么都参不透、想不通的。南怀瑾对方会禅师的批语有深刻的理解，他引用了一句古诗："多情自古空余恨，好梦由来最易醒。"南怀瑾说：这就是人生。好梦最容易醒，醒来之后想再接下去，接不下去了，所以，不要去叫醒梦中人，让他多做做好梦。佛总说唤醒梦中人，到底是慈悲还是狠心？南怀瑾觉得一切众生都应让他做做梦，蛮舒服的！何必去叫醒他呢？

其实不管学不学佛，如果一个人在面对世间风云变幻时，能够始终保持自己的本心，不自寻烦恼，不没事找事，不自作聪明，心中有一枝不动莲花，只等花苞绽放，一个快乐圆满的人生就很容易获得。

✳ 感性做人，理性做事

生活的烦恼如剪不断、理还乱的长丝，黏黏腻腻的，搅成一团。这些懊恼和烦闷该怎么去消解呢？便需要人们对自己进行自我审判，何谓自我审判？子曰："已矣乎！吾未见能见其过而内自讼者也。"南怀瑾说这句话是孔子的感慨：算了吧，我从来没有看到过一个人，能随时检讨自己的过错，而且在检讨过错以后，还能在内心进行自我审判。如何审判？就是自己内在打"天理与人欲之争"的官司，如何善用理智平衡冲动的感情。傅雷说过，情感与理性平衡之所以最美，是因为这是最上乘的人生哲学和生活艺术。

一对情侣在咖啡馆里发生了口角，互不相让。然后，男孩愤然离去，只留下他的女友独自垂泪。心烦意乱的女孩搅动着面前的这杯清凉的柠檬茶，泄愤似的用匙子捣着杯中未去皮的新鲜柠檬片，柠檬片已被她捣得不成样子，杯中的茶也泛起了一股柠檬皮的苦味。女孩叫来侍者，要求换一杯剥掉皮的柠檬泡的茶。

侍者看了一眼女孩，没有说话，拿走那杯已被她搅得很浑浊的茶，又重新端来一杯冰冻柠檬茶，只是茶里的柠檬还是带皮的。原本就心情不好的女孩更加恼火了，她又叫来侍者，用斥责的口吻说："我说过，茶里的柠檬要剥皮，你没听清吗？"

侍者看着她，他的眼睛清澈明亮，"小姐，请不要着急，"他说道，"你知道吗，柠檬皮经过充分浸泡之后，它的苦味溶解于茶水之中，将是一种清爽甘冽的味道，正是现在的你所需要的。所以请不要急躁，不要想在3分钟之内把柠檬的香味全部挤压出来，那样只会把茶搅得很浑，把事情弄得一团糟。"

　　女孩愣了一下，心里有一种被触动的感觉。她望着侍者的眼睛，问道："那么，要多长时间才能把柠檬的香味发挥到极致呢？"

　　侍者立在一旁笑了："12个小时。12个小时之后柠檬就会把生命的精华全部释放出来，你就可以得到一杯美味到极致的柠檬茶，但你要付出12个小时的忍耐和等待。"侍者顿了顿，又说道："其实不只是泡茶，生命中的任何烦恼，只要你肯付出12个小时的忍耐和等待，就会发现，事情并不像你想象的那么糟糕。"

　　女孩看着他，似乎没有琢磨透侍者的话。

　　侍者又微笑着说："我只是在教你怎样泡柠檬茶，随便和你讨论一下用泡茶的方法是不是也可以泡制出美味的人生。"说完，侍者鞠躬离去。

　　女孩面对一杯柠檬茶静静沉思。女孩回到家后自己动手泡了一杯柠檬茶，她把柠檬切成又圆又薄的小片，放进茶里。女孩静静地看着杯中的柠檬片，她看到它们慢慢张开来，好像有晶莹细密的水珠凝结着。她被感动了，她感到了柠檬的生命和灵魂在慢慢升华、缓缓释放。12个小时以后，她品尝到了她有生以来从未喝过的最绝妙、最美味的柠檬茶。

　　生活亦如茶。人的情感、人的理智，这两重灵性的发达与天赋不一定是平均的。有些人是理智胜于情感，有些人是情感溢于理智。因而处世的方法和态度也会截然迥异，要真正理解这两者的关系，就来看看常人与哲人有关理智与情感的对话。

　　常人问："人生需要的到底是理智还是情感？"哲人回答："人生如黑暗中大海上的航船，理智是茫茫大海上的灯塔，情感则是推动航船的风力。"理智无法解决人生的方向，它只能通过控制情感指引着人生的方向，方向的选择是由理性化、情感化的生存意志决定的。常人又问："当情感与理智冲突时，该如何取舍？"哲人说："理智一旦与情感相悖，不是将心灵撕碎，就是将心灵窒息。"南怀瑾曾经强调说，理智与情感和谐一致才能造就伟大的心灵，理智驱逐情感时，一方面会使人深刻，令人敬畏，另一方面也让人深感冰冷般的可怕。正如泰戈尔所说："全是理智的心，恰如一柄全是锋刃的剑，会叫使用它的人手上流血。"

常人又问："人应该如何正确对待理智和情感呢？"哲人说："情感是生命的内容。"生命如大河，情感就如河中之水。尽管有时河水泛滥，但离开水，河则非河。理智就犹如水利工程，必须顺势而为，与水共长。

对人们而言，情感更真实，是第一位的，是生命的内容，是幸福的主要依据，因为人永远生活在"亲情—友情—爱情—亲情"这个无限循环的圈子里。但对外界而言，理智则是第一位的，是人与动物区别的根本特征，是人的尊严所在，是实现生命成就的所在。如此一说，情感和理智岂不是割裂了吗？然而，事实上它们又必须是相互联系并且统一于一体的。

当人在不了解、不思考、不体谅、不反省、无理智、无耐心的情况下任凭感情的冲动控制自己，遵循自己的欲望，坏事的情况便会频频发生。所以我们如果要平衡情感与理智，就必须在为人处世过程中时时刻刻内讼和自省，不要使任何一方发生偏失，因为过于理智与过于感性都会令人丧失许多东西。由此推知，真正的做法即是感性做人，理性做事。在真实体会感觉的同时还能攻防有序、收放自如，做到乐而不淫、哀而不伤，便可于生活中往来自如了。然而说得容易，做起来却十分困难，需要一个很长的人生旅程来沉淀自己复杂的心绪，才能真正认清自己。

✳ 生命如莲，一呼一吸间

天地万物，都在永远不息的动态中循环旋转，在动态中生生不息，并无真正的静止。一切人事的作为、思想、言语，都同此理。是非、善恶、祸福、主观与客观，都没有绝对的标准。正如《易经》中的最后一卦——未济，无论是历史，还是人生，一切事物都是无穷无尽、相生相克，没有了结之时。既然生命无常，且生生不息，那么，对待生命的态度，就成了千古圣贤时常讨论的一个话题。

庄子曰："古之真人，不知说生，不知恶死；其出不欣，其入不距；然而往，然而来而已矣。"意思是说，上古得道的真人，当尧舜也没有什么高兴的；当周公也没有什么了不起的；万古留名，封侯拜相，乃至成就帝王霸业，也不觉得有什么了不起。"其出"，指生命的外在，"其出不欣"，就是不因生命外在的东西而欣喜。"其入不距"，意思是也没有觉得同外界有了距离。（上面文字的意思不太准确,请作修改）嬉笑怒骂均与他人无干，"然而往，然而来"，对待生死，怡然自得，所谓"采菊东篱下，悠然见南山"便是了。南怀瑾借大禹的一句名言点透生死："生者寄也，死者归也。"活着是寄宿，死了是回家。孔子在《易经·系辞》中说："通乎昼夜之道而知"，明白了黑白交替的道理，就懂得了生死。生命如同荷花，开放收拢，不过如此。

有一天，如来佛祖把弟子们叫到法堂前，问道："你们说说，你们天天托钵乞食，究竟是为了什么？"

"世尊,这是为了滋养身体,保全生命啊。"弟子们几乎不假思索。

"那么，肉体生命到底能维持多久？"佛祖接着问。

"有情众生的生命平均起来大约有几十年吧。"一个弟子迫不及待地回答。

"你并没有明白生命的真相到底是什么。"佛祖听后摇了摇头。

另外一个弟子想了想又说："人的生命在春夏秋冬之间，春夏萌发，秋冬凋零。"

佛祖还是笑着摇了摇头："你觉察到了生命的短暂，但只是看到了生命的表象而已。"

"世尊，我想起来了，人的生命在于饮食间，所以才要托钵乞食呀！"又一个弟子一脸欣喜地答道。

"不对，不对。人活着不只是为了乞食呀！"佛祖又加以否定。

弟子们面面相觑，一脸茫然，又都在思索另外的答案。这时一个烧火的小弟子怯生生地说道："依我看，人的生命恐怕是在一呼一吸之间吧！"佛祖听后连连点头微笑。

故事中各位弟子的不同回答反映了不同的人性侧面。人是惜命的，希望生命能够长久，才会有那么多的帝王将相苦练长生之道，却无法改变生命是短暂的这一事实；人是有贪欲的又是有惰性的，才会有那么多的"人为财死"的悲剧发生；而人又是争上游的，所以才会有那么多的"只争朝夕"，从不松懈。但事实上，生命是虚无而又短暂的，它在于一呼一吸之间，在于一分一秒之中，如流水般消逝，永远不复回。

宇宙间万事万物时时刻刻都在变化，任何时间，任何地方，一切事情刹那之间都会有所变化，不会永恒存在。生命如莲，次第开放，正如南怀瑾所说，人生不过一次旅行，漫步在时空的长廊，富贵名利，如云烟过眼。

庄子临终时，弟子们准备厚葬他。庄子知道后笑了笑，幽了一默："我死了以后，大地就是我的棺椁，日月就是我的连璧，星辰就是我的珠宝玉器，天地万物都是我的陪葬品，我的葬具难道还不够丰厚？你们还能再增加点什么呢？"学生们哭笑不得地说："老师呀！若要如此，只怕乌鸦、老鹰会把老师吃掉啊！"庄子说："扔在野地里，你们怕飞禽吃了我，那埋在地下就不怕蚂蚁吃了我吗？把我从飞禽嘴里抢走送给蚂蚁，你们可真是有些偏心啊！"一位思想深邃而敏锐的哲人，一位仪态万方的散文大师，就这样以浪漫达观的态度和无所畏惧的心情，从容地走向了死亡，走向了在普通人看来万般惶恐的无限和虚空。从无中来到无中去，其实这正是生命的本真状态；只是有些人把生命想得过于复杂，令它承载了许多额外的沉重，因此失去了许多生活的真味。

的确，如南怀瑾所讲，生命如同荷花，一草一木皆学问。

有一只狐狸看到一个葡萄园结满了果实，可是它太胖了钻不进栅栏，于是它三天三夜不饮不食使身体消瘦下去。"终于能够进来了！好吃！好吃极了！"吃了不知多久，直到牙也倒了，肚皮也圆了，吃得厌烦了，却又发现钻不出去了，只好重施故伎，又三天三夜不饮不食……结果是出来了没错，但肚子还是跟进去时一样。人生又何尝不是如此？赤裸裸地诞生，又孑然而死去，仿佛这只狐狸，不停地穿梭于不同的果园之间，得到、失去，最后又回到起点。生命是一个过程，功名利禄，富贵荣华，生不带来，死不带去，无人能带走自己一生经营的名利，就让生命自在地绽放凋谢吧。

一沙一世界，一叶一菩提，生命的收与放，本质都是一样的。面对生死，悠然自得，便是真正懂得了生命。正如丘吉尔谈及死亡，他说："当酒吧关门时，我便离去。"

✳ 做自己意见的主人

丰子恺先生有这样一段文字："有一回我画一个人牵两只羊，画了两根绳子。有一位先生教我，'绳子只要画一根。牵了一只羊，后面的都会跟来。'我恍悟自己阅历太少，后来留心观察，看见果然如此——前头牵了一只羊，后面数十只羊都会跟去，就算走向屠宰场，也没有一只羊肯离群而另觅生路的。后来看见鸭子也是如此——赶鸭的人把数百只鸭子放在河里，无须用绳子系住，群鸭自能互相追随，聚在一块。上岸的时候，赶鸭的人只要赶上一两只，其余的就会跟了上岸。即使在四通八达的港口，也没有一只鸭子肯离群而走自己的路的。"

丰子恺先生的这段话其实深刻地触到了做人的一个原则，跟着别人后面走，下场也同别人一样。对于每一个人来说，凡事要有自己的主见，要学会自己拿主意，坚定自己的立场，相信自己的力量，不要因为他人的评价而放弃自己内心的想法，不做别人毁誉的"奴隶"。字画皆人生，疏淡之间，意趣横生，细细思量，的确有一条隐在尘世中的绳索，牵着在生活中迷乱的人们。

子曰："吾之于人也，谁毁谁誉？如有所誉者，其有所试矣。斯民也，三代之所以直道而行也。"孔子说，听了别人毁人、誉人，自己不要立下断语；或者说，有人攻讦自己或恭维自己，都不要过分考虑。南怀瑾说过分的言辞，无论是毁是誉，其中一定有原因、有问题。所以毁誉不是衡量人的绝对标准，听的人必须要明辨。人们过于迷信他人的看法，就会因此而迷失自己。其实，每个人的判断都像我们自己的钟表，没有一只走得完全一样，有时一味听从他人的意见，便会永远不知道时间，应该相信自己的判断。

吾之于人也，谁毁谁誉？如有所誉者……

意大利著名女影星索菲亚·罗兰就是一个能够坚持自己想法的人，在她的自传《爱情与生活》中，她这样写道："自我开始从影起，我就出于自然的本能，知道什么样的化妆、发型、衣服和保健最适合我。我谁也不模仿，我从不去奴隶似的跟着时尚走。我只要求看上去就像我自己，非我莫属……衣服的原理亦然，我不认为你选这个式样，只是因为伊夫·圣·洛朗或第奥尔告诉你，该选这个式样。如果它合身，那很好。但如果还有疑问，那还是尊重你自己的鉴别力，拒绝它为好……衣服方面的高级趣味反映了一个人的健全的自我洞察力，以及从新式样中选出最符合个人特点的式样的能力……你唯一能依靠的真正实在的东西……就是你和你周围环境之间的关系，你对自己的估计，以及你愿意成为哪一类人的想法。"

很多人每天都急匆匆地跟在别人后面跑，追逐一些连自己都不明确的东西，实际是在奔赴一个别人成功过的目标，重复别人走过的路，在别人嚼剩的残渣中寻觅零星的营养。像索菲娅·罗兰这样能坚持自己的想法，做自己意见的"主人"的人，实在是少之又少。

我们最大的局限在于我们习惯遵循别人的思维方式而迷失了自己。威廉·詹姆斯这样认为："跟我们应该做到的相比较，我们等于只做了一半。我们对于身心两方面的能力，只用了很小一部分，一般人大约只发展了10%的潜在能力。一个人等于只活在他体内有限空间中的一小部分里。他具有各种能力，却不知道怎样去利用。"

那么，一般人是怎样做的呢？他习惯用与别人的对比来发现自己的优缺点，这固然是一种好方法，但往往受主观意识影响太大。他会很快地发现，自己在某些方面与别人差距甚大，因此他会非常羡慕那个人。羡慕会导致无知的模仿，导致无谓的妒忌，或者犹如受到激励般向更高的境界攀升，但最后一种情况毕竟所占比例甚小，而前面两种情况都容易导致自信心的丧失以及由此引发的忧郁。

每个人的能力都是有限的，就像人类有其体能的极限一样。如果想把别人的优点都集于一身，那是最荒谬、最愚蠢的想法。我们没有必要去模仿别人，只要能够做好我们自己，便是对自己尽到了最大的责任。

从道格拉斯·马罗奇的诗中，我们或许可以得到一些启发：

> 如果你不能成为山顶上的一棵松，
> 就做一棵小树，生长在山谷中，
> 但须是溪边最好的一棵小树。
> 如果你不能成为一棵小树，
> 就做灌木一丛。
> 如果你不能成为一丛灌木，
> 就做一片绿草，让公路上也有几分欢娱。
> 世上的事情，多得做不完，
> 工作有大的，也会有小的，

该做的工作，就在你身边。

如果你不能做一条公路，

就做一条小径。

如果你不能做太阳，

就做一颗星星。

不能凭大小来论断你的输赢，

只要你努力做到最好。

我们应该看到自己的优点，并坚持自己的内心选择，唯其如此，我们才能听从心灵的召唤，将幸福按照自己的意图诠释和延伸。

十二

孝，反哺之情

　　孝敬父母，尊敬长辈，是做人的本分，是天经地义的事，也是各种品德养成的前提。

✳ 百善孝为先

孝顺，是一切道德的根本，所有好品德的养成都是从孝行开始的。孝是一个人善心、爱心和良心的综合表现。一个人如果连孝敬父母、报答养育之恩都做不到，那他就不能称之为"人"，就会遭到社会的谴责和鄙视。

"孝"是回报的爱，古人常以乌鸦反哺来教育子女莫忘亲恩。

乌鸦小时候，都是由乌鸦妈妈辛辛苦苦地飞出去找食物，然后回来一口一口地喂给它吃。渐渐地，小乌鸦长大了，乌鸦妈妈也老了，飞不动了，不能再飞出去找食物了。这时，长大的乌鸦没有忘记妈妈的哺育之恩，也学着妈妈的样子，每天飞出去找食物，再回来喂妈妈，并且从不感到厌烦，直至乌鸦妈妈自然死亡。

小鸟尚且如此，更何况人呢？南怀瑾将父母比作两个照顾了我们二十年的朋友，如今他们老了，动不得了，我们回过来照顾他们，便是"孝"。

父母在我们成长过程中无怨无悔地付出。当我们还是胚胎、尚未诞生时，就获得了来自父母亲人的深切感情和无尽期望。而我们降临到这个世界以后，父母生命的意义几乎大半落在了我们身上。随便问一个有子女的人："你生命中最重要的人是谁？"绝大多数人的答案都是"子女"。是呀，无数个平凡的父母之所以辛辛苦苦地工作，努力奋斗，一个重要的原因就是希望能够创造更好的发展空间，让子女过上幸福的生活。

在父母面前，我们永远是需要照顾的孩子。父母对我们总是倾其所有地付出。父母是我们人生中的一棵枝繁叶茂的大树，为我们遮风挡雨，抵挡烈日风霜。年少时，我们爬上树干玩耍；疲倦了，靠在树上歇息。长大了，我们不愿与树玩耍了，树甘愿奉上丰硕的果实，为我们的人生和未来尽心尽力。要成家了，树奉献出自己的枝干，为我们建造一个属于自己的家。当我们想出外闯荡时，树会用自己的躯干为我们造艘乘风破浪的船；当我们疲惫不堪、伤痕累累地归来，即便树已只剩下一个树桩，也会让我们安心地休息。父母总在无私地奉献着，我们的忧伤便是他们的忧伤，我们的快乐便是他们的快乐。我们在为自己的事业、家庭忙碌时，总是无暇顾及远方或身边的父母；当出现变故、陷入困境时，首先想到的便是年迈的父母。

不要在对父母予取予求之后，将其抛弃，那样，我们的人生将一片荒芜。我国古代有一首《劝孝歌》，里面有两句话："人不孝其亲，不如禽与兽。"语句直白而深刻，孝是一切道德和爱心的根源，是我们为人处世的根本，也是做人的基本要求。南怀瑾曾提到历史上的一个故事：

"卫公子开方仕齐，十年不归，管仲以其不怀其亲，安能爱君，不可以为相。"卫国的一位名叫开方的贵族公子，在齐国做官，十年来都没有请假回卫国。然而，管仲却把他开除了，理由是说公子开方在齐国做了十年的官，从来没有请假回来看看父母，像这样连自己父母都不爱的人，又怎么会爱自己的君主呢？怎么可以为相呢？

　　在父母为我们付出那么多之后，如果我们连起码的回报都没有，谁还会相信我们心中有爱？一个心中无爱、冷酷无情的人，又有谁敢和他结交呢？

✳ 孝自内心，免于形式

　　孝越来越形式化是人类的悲哀！很多人觉得，每月按时给父母钱，使他们衣食无忧便是孝。其实不然，孝首先要做到的，是真正敬爱父母；否则，即便使父母每天吃山珍海味，也不过是徒养父母的口腹而已。

子游问孝。子曰："今之孝者，是谓能养，至于犬马，皆能有养。不敬，何以别乎？"南怀瑾解释，孔子说他那个时代的人不懂孝，以为只要能够养活父母，便是孝了。然而"犬马皆能有养"，即便饲养一只狗、一匹马也都会喂饱它、养活它，因此仅仅是养活父母并不是孝。"孝"不是形式，而是一种发自内心的真挚感情，是一种爱的心情。曾有一则公益广告便将此意抒发得淋漓尽致：一位年迈的母亲，在中秋佳节之时满心欢喜，精心准备了饭菜，最终却只等来了儿女们的电话，母亲顿时神情落寞。充裕的物质生活只是表面的形式，一位老人恐怕甘愿每天粗茶淡饭，只要儿女能够常回家陪伴，这让人不由得想起多年前的一首歌——《常回家看看》，这恐怕是所有父母的心声吧！

儿子回乡办完父亲的丧事，要母亲随他去城市生活，母亲执意不肯离开清静的乡下，说过不惯都市的生活。儿子没有勉强母亲，只是坚持以后每个月寄300元生活费。母亲居住的村子十分偏僻，邮递员一个月才来一两次。如今村子里外出打工的人多了，留在家里的老人们时时盼望着远方儿女的信息，因此邮递员在村里出现的日子便成为留守老人的节日。每次邮递员一进村就被一群大妈、大婶和老奶奶围住，争先恐后地问有没有自家的信件，然后又三五成群地聚在一起或传递自己的喜悦或分享他人的快乐。这天，邮递员交给母亲一张汇款单，母亲脸上洋溢着喜悦，说是儿子寄来的。这张3600元的高额汇款单像稀罕宝贝似的在大妈大婶们的手里传来传去，每个人都是一脸羡慕。

过了几个月，儿子收到了母亲的来信，信只有短短几句，说他不该把一年的生活费一次寄回来，明年寄钱一定要按月寄，一月寄一次。转眼间一年就过去了，儿子由于工作缠身，不能回老家看望母亲了，本想按照母亲的嘱咐每月给寄一次生活费，又担心由于太忙会忘了而误事，便又到邮局一次性给母亲汇去3600元。几天后，儿子收到一张3300元的汇款单，是母亲汇来的。

儿子百思不得其解之际收到了母亲的来信，母亲又一次在信上嘱咐说，要寄就按月给她寄，否则她一分也不要，反正自己的钱够花了。儿子对母亲的固执十分不理解，但还是按母亲的叮嘱做了。后来，他无意间遇到了一个从家乡来城市打工的老乡，顺便问起了母亲的近况。老乡说："你母亲虽然孤单一人生活，但很快乐，尤其是邮递员进村的日子，你母亲像过节一样欢天喜地。收到你的汇款，她要高兴好几天呢！"儿子听后泪流满面，他此刻才明白，母亲坚持要他每个月给她寄一次钱，是为了一年能享受12次快乐。母亲心不在钱上，而在儿子的身上。

孝不在于形式，父母最需要的是儿女的关心与牵挂。随着年龄的增长，父母对儿女的依赖感越来越强，失去了年轻力壮时的信心与豪气。眼花了，腿脚不灵便了，甚至一些简单的小事都会觉得自己做不好，此时，儿女便成了他们唯一可以依靠的"大树"。能影响孝的天平摇摆的不是物质，而是内心，孝由心生。其实，当儿女懂得牵挂父母，当父母习惯依靠儿女，便是天地间最美丽的幸福。时时刻刻牵挂着父母，将对父母的爱心与孝心深系于怀，这才是孝子。牵挂父母的衣食、起居、心情，平时常给父母打电话，多和父母聊天，关心他们的身心健康，使孝成为发自内心的行动，而不是敷衍了事的形式，这样父母与子女之间才能形成一种深邃真挚的感情氛围，相互间才能共同品味亲情的甜美。

✴ 趁早行孝，莫留遗憾

古诗有云，"树欲静而风不止，子欲养而亲不待"。树原本想静下来，可是风却在不停地刮，子女想奉养父母，可双亲却已经不在人世。

时间如流水，青少年时期每个人都有很多事情要忙，忙学习、忙游戏、忙作业……成人了，还要忙工作、忙事业……当我们认为真正拥有了可以孝顺父母的能力时，可能已经太晚了，因为这时候的父母已经吃不动、穿不了了，有的父母甚至已经离开了尘世。在这个世界上，什么事情都可以等待，只有孝顺是不能等待的，否则只会留下无穷无尽的悔痛。

一日，孔子领着弟子外游，忽然听到路上有哭声，声音非常悲切。于是，孔子说道："快赶车，前面有贤人。"到了哭声之处发现是皋鱼，披着粗布衣服，抱着镰镐，在道旁哭。孔子下车对他说："你又没有什么丧事，为什么哭得这么悲伤呢？"皋鱼说："我有三个过失啊，我少时好学，曾游学各国，而把父母放在次位，归时双亲已故，这是第一个错误；为了我的理想，再加上侍奉君主，没有很好地侍奉亲人，这是第二个错误；和朋友交情深厚，稍微疏远了亲人，这是第三个错误。树想静下来可是风却不停，孩子想好好赡养父母可是父母却不在了！过去而不能追回的是时间，走了而不能再见的是亲人。我请求从此放下一切，什么也不要做了。"孔子告诉弟子："你们都知道了，要以此为戒啊！"于是，他的门人中十之有三都回家赡养父母去了。

　　子欲养而亲不待，即使悔不当初又能如何？南怀瑾在论及《论语》中的孝道时曾提及西方的"十字架"文化，即在上帝的监督下爱父母、爱子女、爱他人。当昔日的子女做了父母，当他们真正懂了为人父母的难处，想要回报父母时，恐怕多半已不能如愿了。所以，尽孝要趁早。

　　卡耐基在为成年人上的一堂人生课上，给他们出过一道家庭作业："在下周以前去找你所爱的人，告诉他们你爱他，而那些人必须是你从没对其说过这句话的人，或者是很久没听到你说这句话的人。"

　　下一堂课程开始前，卡耐基问他的学生们是否愿意把他们对别人说爱而发生的事和大家一同分享。一个中年男子从椅子上站起身，开始说话了："卡耐基先生，上礼拜你布置给我们这个家庭作业时，我对您非常不满，因为我并没感觉有什么人需要我对他说这些话。但当我开车回家时，一个念头一闪而过，自从6年前我的父亲和我争吵过后，我们就开始彼此躲避，除了在圣诞节或其他不得不见面的家庭聚会之外，我们避而不见，即使见面也从不交谈。所以，回到家时，我告诉我自己，我要告诉父亲我爱他。

卡耐基先生，上礼拜你布置给我们这个家庭作业时，我对您非常不满……

"在我做了这个决定后，忽然感到胸口上的重量一下子减轻了。第二天，我一大早就起床了，整晚都在想这件事。我很早就赶到办公室，两小时内做的事比从前一天做的还要多。9点钟时，我打电话给爸爸，问他我下班后是否可以回家去，因为我有些事想要告诉他。父亲以暴躁的声音回答：'又是什么事？'我跟他保证，不会花很长的时间，他同意了。下午5点半，我到了父母家，按门铃，祈祷爸爸会出来开门，如果是妈妈来开门，我恐怕会丧失告白的勇气。但幸运的是，爸爸打开了门。我没有浪费一点时间，踏进门就说：'爸，我只是来告诉你，我爱你。'

"父亲听了我的话，不禁哭了，伸手拥抱着我说：'我也爱你，儿子，原谅我竟一直没能对你这么说。'这一刻如此珍贵，我甚至期盼时间停止。但这不是我要说的重点，重点是两天后，从没告诉过我有心脏病的爸爸突然病发，在医院里结束了他的一生。这一刻来得如此突然，让我毫无防备。如果当时我迟疑着没有告诉爸爸我对他的爱，可能永远都没有机会了！所以我想对所有儿女说的是：爱你的父母，不要迟疑，从这一刻开始！"

父亲听了我的话，不禁哭了，伸手拥抱我说："我也爱你，儿子，原谅我一直没能对你这么说。"

　　爱，需要用行动来表达，对父母的爱也是如此。像关心自己的子女一样关心自己的父母，你便不会总为自己推迟行孝的举动而寻找借口。爱你的父母，就像爱你的孩子，只有这种付出才是真正的孝。

　　你曾感受到时间的流逝吗，你曾感受到周遭人事物随着时间不断改变吗，你曾想过最亲近的人有一天将离你而去吗？世人在年少时大多不能完全理解父母的爱，等自己也为人父母，理解父母的苦心时，父母已经等了很久了。所以，孝敬父母要趁早，现在就去做，不要等父母都不在了而空留遗憾。

✳ 盲目顺从不是孝

有人说："相差六岁就会有代沟。"子女和父母之间起码相差二十多岁，代沟不可谓不深。为此，常会听到子女的抱怨：

由此可见，"天下无不是的父母"这句话是不对的。金无足赤，人无完人，圣贤孔子尚且会犯错误，更何况作为普通人的父母呢？南怀瑾说，天下也有不是的父母，父母不一定完全对，作为一个孝子，对于可能犯错的父母，要尽力劝阻，盲目顺从不是孝。

有一次，曾参和父亲一起给瓜地除草，一不小心，把几根瓜苗给铲断了，他的父亲性情很暴躁，看见后十分生气，便拿起一根棒子，狠狠地抽了他一下，口中还骂道："你这个废物，这点活都干不好！"曾参只感到肩膀上火辣辣疼，但为了不让父亲后悔难过，就故意表现出一点都不疼的样子。而父亲看见曾参无所谓的表情，心里想："看他的样子说明我打得不太疼，还好如此，否则真的打伤了他，我可就要难过、伤心了！"

孔子听说了这件事，并没有称赞曾参的忍耐和孝顺，而是说："当儿女的人，一定要有智慧，当父亲用小棒子打你，只是轻轻地打，他是在提醒你、教训你犯错，当儿女的应当接受这种处罚。可是，如果父亲拿了一根千斤重的棒子来打你的时候，就不应该接受了。"学生们听完孔子说的话，都很好奇地问："这是为什么呢？"孔子告诉他们有两个理由："你们想想看，天下哪有不爱子女的父亲，如果父亲生气了，处罚儿女，这是一时的愤怒，他们并不是有心要打伤孩子，如果孩子被打伤了，他们就会很难过，这是第一个理由。第二个理由，儿女也应该为

父母的名声着想，如果一个孩子在父亲生气下被打伤或打死了，别人就
会责怪这个当父亲的人。

"打在儿身，痛在娘心"。天下的父母，对子女都是一片好心，但他们有时候也会办错事，曾参的父亲就是如此。曾参一味忍耐的做法也不算是真正的孝顺。如果父母做得太过，子女不应该一味承受。这样说，并不是鼓励子女不顾一切地去反抗。父母错了，子女可以心平气和地指出，不可任性而为。但即使是反对，也应该讲究方法，把握一定的度，行为不可过激。

燕文跟母亲吵架了，她一气之下，冲出了家门，走进茫茫的夜色中。漫无目的地走了一段路后，她发现走得匆忙，竟然一分钱都没带，连打电话的钱都没有！

夜色渐深，燕文饥肠辘辘的感觉越来越强，忽然一个小小的馄饨摊映入眼帘，一位老婆婆在摊前忙碌着。馄饨的香气扑鼻而来，燕文咽了一下口水，又看了一眼锅中翻滚的馄饨，慢慢转身离去。老婆婆早已注意到徘徊不定的燕文，她热情地招呼道："小姑娘，吃碗馄饨吧！"燕文转过身尴尬地摇了摇头，说："我忘记带钱了。"老婆婆笑了笑，说："没关系，我请你吃！"

　　片刻之后，老婆婆端来一碗馄饨和一碟小菜。燕文吃了几口，忍不住掉下了眼泪。"小姑娘，怎么了？"老婆婆关切地询问。"哦，没事，我只是感激！"燕文拂去脸上的泪花，"您跟我不曾认识，只不过偶然在路上看到我，就对我这么好，煮馄饨给我吃！但是……我妈，我跟她吵架了，她竟然把我赶出来，还说不让我再回去了……您是陌生人都对我这么好，我妈，竟然对我这么绝情！"

　　老婆婆听了，语重心长地劝她："你怎么会这样想呢！我只不过煮了一碗馄饨给你吃，你就这么感激我，而你妈给你煮了十多年的馄饨，从小到大照顾你，你怎么不感激她呢？为什么还要跟她吵架呢？"燕文听了这话，默默无语："是啊！一个陌生人为我煮了一碗馄饨，我尚且如此感激，而母亲那么辛苦把我养大，我为什么心中没有感激之情？为什么还要与母亲争执？"

燕文慢慢吃着馄饨，脑海中浮现出儿时的一些画面。馄饨吃完了，她谢别了老人，朝家走去，当走到自家胡同口时，看到妈妈疲惫而又熟悉的身影正焦急地左右张望……看到燕文回来了，妈妈长舒了口气，说道："燕文啊！你让妈急死了！赶紧回家吧！饭菜都凉了！妈以后不再跟你吵架了，好吧？"此时，燕文的泪珠再次滑落。

父母和子女对事情的看法常会有很大的偏差，父母也会犯错，有些父母会把自己的观点强加在子女身上，会要求子女完全服从自己，会亲自设计子女的人生，会对子女在生活的各个方面进行干预。然而，不论父母怎么做，他们的出发点都是为了子女好。所以，即使他们错了，作为子女也应该给予理解，不应一味抱怨，甚至怨恨。

✴ 孝之以顺不如孝之以敬

很多人认为的孝，就是等父母老了，给老人一大堆钱，或者是给他们找个保姆。即便是自己亲自去照顾老人的饮食起居，也不考虑方法。常常觉得是累赘，一般不给老人好脸色看。别人提醒了，还觉得理直气壮，能照顾已经是不错了，全然忘记了自己能有今天，全是靠父母为我们没日没夜的操劳。南怀瑾曾多次提到过孔子所说的"色难"。所谓"色难"指的就是态度不好，或者表现出一个好态度来很难。孝敬并不单单是物质上的事情，事实上物质所占的比重是很小的。老人需要的可能就是你的那份心。从你所表现出来的态度，就可以看出一个人是否心诚。

子路幼时家境贫寒，家人经常食不果腹，甚至有时要在野外采摘野菜充饥。有一次，子路听见年迈的父母随口念叨着许久没有吃过饱饭，如果能吃上一顿米饭就好了。子路闻言心中十分愧疚，可是家中早已无米下锅了，子路看在眼里，急在心里。后来，子路想到山那边的舅舅家里还比较富足，如果翻过那几道山梁到他家借点米，舅舅一定肯借。虽然山路崎岖，但是想到能够满足父母的小小要求，子路打定主意出发了。

　　他不顾山高路远，翻山越岭走了几十里路，从舅舅家借了一小袋米，随即披星戴月、马不停蹄地往家赶。子路虽然疲惫不堪，但能够以自己的辛苦，让父母得到些许的满足，他无怨无悔。

　　父母去世以后，子路南游到楚国。楚王非常敬佩和仰慕他的学问和人品，给子路加官晋爵，此后子路家中车马百辆，余粮万担，富贵显赫，衣食无忧。然而，子路总是不能忘怀昔日父母的劳苦，感叹说："如果父母还在世就好了，就算要同以前一样吃野菜，再要我到百里之外的地方背米回来赡养父母双亲，我也心甘情愿！"

　　当孔子得知子路如此思念父母，并一再为父母生前自己无法尽心尽力奉养他们而自责时，便劝慰子路说："你在父母生前已经尽孝了。父母过世的时候，虽然后事无法用优厚的丧礼操办，可你的孝心父母已经感受到了，你也已经尽到了为人子女应有的礼节。你不必内疚，而且完全可以被称作是天下做子女的楷模！"

你在父母生前已经尽孝了。父母过世的时候……

古语说："百善孝为先，原心不原迹，原迹贫家无孝子"。只要你心里记住父母，能使多大劲就使多大劲，所谓"事父母能竭其力"，心诚态度就会好，那才是真正的孝。

真诚的态度才是真正的孝顺，我们能给陌生人一个笑容，却怎么给不了父母一个笑容呢？但孝顺并不意味着所有的事情都要顺从父母，父母有时也会犯错误，但我们应该心平气和地指出他们的错误。孝，要从态度做起。

很多人都会记得自己的生日。从小到大，父母总在你生日的时候，为你祝贺，给你带来惊喜。我们沉浸在幸福中，不知所以。渐渐地把这当成了一种理所当然，感恩之心，一点全无。可是谁能记得父母的生日？从大街上随便找几个人来问，多半人还是会尴尬一笑说不知道。

记住父母的生日，看似一件无关痛痒的事情，其实并不是这样的。爱是从心而发，但是表现在一点一滴上。你是否想到过，当有一天你忘记了自己的生日，回到家里却看见父母为你准备了一桌大餐，你会有什么感受？爱在生活里，就是每一次感动。

我们对父母的爱能否也从细节开始，孝的开始是态度的改变，是细节的注意。

孝敬，有孝有敬合在一起才能算孝敬，否则那流露出来的不情愿的神色，父母看在眼里该多么伤心啊。中国传统里有"丁忧"一说，指古代当官的父母亡故后，得回家服丧三年。为什么要服丧三年呢？因为一个人从刚出生到三岁什么都不会，是父母在最麻烦的时候一点一点照顾起来的，父母为我们费尽心血啊！再加上他们一生对我们的照顾，难道还不抵我们一脸的微笑吗？他们是值得我们用一生来尊敬的人。

孝之以顺，能满父母之愿，固然不错。但是光归于物质，总是降人流俗。不如孝之以敬，就算不能供他们以百金，心怀敬意而笑脸相迎，也能慰勉他们的一生。

相爱才是家，容忍为常

家是什么？家是我们心性深处最温馨的地方；家是万家灯火中属于我们的一盏。在我们为别人的举手之劳而感动时，却没有想到给过我们许多帮助的家。我们一生能守住的幸福或许不多，但我们一定要守住家庭的幸福。

✳ 家从来都不是讲理的地方

南怀瑾在讲到饮食男女时说，我们这个世界之所以闹了那么多事，中华民族五千年的历史，你打过来，我打过去，这里拆房子，那里盖房子，都是两个人闯的祸，一个男人，一个女人。人如果到了无男无女，无饮食需要，不知可以减少多少烦恼。其实南怀瑾的这番话，看似调侃，实则大有深意。因为男人和女人组成家庭，家庭组成国家。其实国家有问题，那一定是最基本的家庭出问题了。（注：本段主旨源自《药师经的济世观》）

但是家庭的问题出在哪里呢？我们常说清官难断家务事。家庭的事情的确不好评判。实际上评判家庭里发生的事情，也不能太较真，借用别人一句话，那就是"家从来都不是讲理的地方"。道理虽然很简单，可是多数人都做不到。

很多人刚谈恋爱的时候，可以容忍对方的很多缺点，但是一结婚就不行了。可是当他们吵架的时候，如果有客人来了，大家于是就立刻停下来，笑脸相迎。因为宾客来了。所以相敬如宾能够使夫妻关系长久。具体什么叫"相敬如宾"呢？其实一言以蔽之就是：家，是讲情的地方，不是说理的地方。夫妻之间若要论理，则家无宁日。

有这样一对老夫妻，当他们得知女儿要结婚时，心里非常高兴，夫妇俩送给女儿一个锦囊，里面有一封信，把他们自己多年的婚姻生活体验告诉了孩子，信中说："这就算祝福你的新婚礼物。"

他们在信中告诉女儿："家不是个讲道理的地方。"他们说："这句话乍听没有道理，但却是真理，是多少夫妇，用多少岁月、尝了多少辛酸，在纠缠不清、难解难分的爱恨、是非的混乱中，梳理出来的一个结论。当

家不是个讲道理的地方。这句话乍听没有道理，但确是真理……

夫妇开始据理力争时，婚姻便开始蒙上阴霾。表面上是讲道理，其实两个人都不自觉地抱着满脑子自以为是的歪理，相互敌视、互相伤害，讲理讲到最后，只落得个两败俱伤，分道扬镳的结局。"

"家"的确不是讲理的地方，家是讲"爱"的地方，家最需要的是宽容和理解。

有人说，世上有三种人可以不讲理：一是疯子；二是病人；三是情人。情人为什么可以不讲理呢？因为两人之间有感情、有依赖和信任，不是可以用道理可以说清楚的。既然用道理无法说清楚，讲道理自然就行不通了。

谈恋爱的时候，男人似乎很能容忍女人的不讲理。有时候，女友的蛮横、赌气、吵吵闹闹反而是爱情中的小插曲，能把爱情点缀得更

甜蜜。可是，女友一旦成为妻子，男人的好脾气一下子就消失了，因为他们已转换成丈夫，变成一家之主了。但女人的角色转换过程比较慢，她们大都还在做梦，隔三岔五还想跟丈夫赌赌气，要要大小姐脾气，还想让丈夫哄着她让着她。不幸的是，她们的丈夫早已不是那个恋爱时处处让着她的男孩子了，他们会生气，会开始要求老婆"做事说话请讲道理"。而这个"讲道理"，免不了就要伤害夫妻间的感情了。

有人说，男女两性的感情历程不同，男人是从百花齐放的春天很快进入炎热的夏季，而炽热的情火在燃烧之后就迅速地进入成熟的秋天，不久，寒冷的冬季就来临了。女人不一样，她们长久地在春日里徘徊，许久才进入燃烧的夏季，接着，她们并不马上步入秋日的成熟，而是缓缓地再度转回春季，继续徜徉在温暖的春光里。所以，有很多女人，包括一些十分优秀的女人，在自己的爱人面前，感情却都脆弱得很，是禁不住打击的。

萍是一位中年职业妇女，在公司里当主管，她平时待人谦和，处理公事有条有理，对待亲朋好友十分周到。可是在家里，尤其是在丈夫面前，却常发脾气，有时还会莫名其妙地和丈夫怄气。

刚开始，丈夫很不能谅解，对她说："你是个明理的人，怎么偏偏跟我在一起时会这么不讲理呢？"萍想了一想，回答说："我只能跟你发脾气，跟别人发脾气，谁理我呀？"虽然这个回答蛮不讲理，但从妻子的口里说出来却很自然。

这时候，做丈夫的能够跟妻子争辩吗？争辩又有什么用呢？只能是浪费体力、破坏感情而已。

懂得爱你的妻子，懂得在你妻子"不讲理"的时候宽容一些，是一个丈夫走向婚姻圣坛的第一课。

莲说了一件她自己婚姻中的故事：

那是个秋日微凉的黄昏，她刚跟丈夫怄过气，披散着一头湿淋淋的乱发，站在阳台上，任风阵阵地吹着。

丈夫突然拿着吹风机走过来，向她说："好了！坏女孩！快进来把头发吹干。"

一头湿气渐渐散尽时，丈夫有感而发地说："或许，几十年后的某个黄昏，你一个人独坐的时候，会忽然想起眼前的这一刻，而我那时已经先你而去了。"

听了这话，莲说："刹那间体会到丈夫心中那份疼惜我的心情。"

佛语说："十年修得同船渡，百年修得共枕眠"，而千年之后又能相守几时？

在莲的回忆里，丈夫在争吵之后帮她吹头发时说的话，深深地打动了她，让爱耍脾气的莲领略到，夫妻俩的感情有多珍贵。宽容与体贴是增进夫妻感情的良药。男人们应该多注意另一半的优点，并找合适的时间告诉她，她便能很快地满足了。

家庭成员尤其是夫妻之间不能太较真，不能太讲理，其实夫妻之间不需要这些，他们需要的是宽容，需要的是爱。家庭是社会的最基本单位，一个能处理好家庭问题的人，在做其他事情的时候也一样能成功，因为他具备了几种优秀品质：责任、包容、关爱、理解。

✳ 爱让我门共修善缘

南怀瑾在形容夫妻关系的时候，讲到杭州城隍山城隍庙门口的一副对联。上联是：夫妇本是前缘，善缘、恶缘，无缘不合。下联是：儿女原是宿债，欠债、还债，有债方来。可以说这两联对夫妻儿女的关系分析是很透彻的，其实夫妻之间不一定都是好姻缘，有的吵闹一辈子，痛苦一辈子。

但是缘分归缘分，感情还需要经营。人都说某某怎么样是修来的缘分，其实经营就是修缘分。有缘分的人应该一起度过，但是正如南怀瑾所言，有缘不一定是善缘，我们应该珍惜今生，度人度己，如若心诚，一份恶缘化为一份善缘也未尝不可。理想的家庭都得家人齐心协力去维系，尤其是夫妻之间更是如此。

生活中常常有这样的情况：

一个女人是非常好的人，从结婚之日起就努力操持一个家。她会在清晨五点钟就起床，为一家老小做早饭；每天下午，她总是弯着腰刷锅洗碗，家里的每一只锅碗都没有一点污垢；晚上，她蹲着认真地擦地板，把家里的地板收拾得比别人家的床还要干净。

一个男人也是非常好的人。他不抽烟、不喝酒，工作认真踏实，每天准时上下班。他也是个负责任的父亲，经常督促孩子们做功课。

按理说，这样的好女人和好男人组成一个家庭应该是世界上相当幸福的了。

可是，他们却常常暗自抱怨自己的家庭不幸福。常常感慨另一半不理解自己。男人悄悄叹气，女人偷偷哭泣。

这个女人心想：也许是地板擦得不够干净，饭菜做得不够好吃。于是，她更加努力地擦地板，更加用心地做饭。可是，他们两个人还是不快乐。

直到有一天，女人正忙着擦地板，丈夫说："老婆，来陪我听一听音乐。"女人想说："我还有……事没做完呢。"可是话到嘴边突然停住了——她一下子悟到了世上所有"好女人"和"好男人"婚姻悲剧的根源。她忽然明白，丈夫要的是她本人，他只希望在婚姻中得到妻子的陪伴和分享。

刷锅、擦地板难道要比陪伴自己的丈夫更重要吗？于是，她停下手上的家务事，坐到丈夫身边，陪他听音乐。令女人吃惊的是，他们开始真正地彼此需要，以前他们都只是用自己的方式爱对方，而事实上，那也许并不是对方真正需要的。

家的幸福更多的来自于家人所给予的爱的温暖，"没有什么比围炉团聚更愉快的事了"，能够在壁炉旁看到一幅其乐融融的画面是高质量家庭的最好证明。不停地操劳只能维持家的外观及形式，而最主要的，是要注重家庭里特有的，充满了爱、温暖与明朗的气氛。

建立和巩固家庭的是爱，是心灵的相通和无私的充分发挥。简单的激情是自私的，也不会长久，相反，爱则会随着时间的流逝，历久弥深，越来越香醇。

如果想要爱经得起风雨的考验，我们就必须投入自己的耐心、怜悯和自制。而最主要的则是"心灵相通"——这种心灵相通是好感和幽默的结合体。

那些能够使家庭快乐的东西，同样也可以把快乐带到任何地方。因为家庭成员间的关系非常亲密，同时也是人生最重要的关系。

如果我们把快乐作为自己的目标和权利，我们一定得不到快乐，并且可能会毁了整个家庭。我们有权利追求快乐，但是，我们没有权利把这种快乐建立在他人不快乐的基础之上。

我们越是生活在一起，越应该互相体贴，并且注意自己的处事方式。我们永远也不应该忘记：每个人都有他害羞与孤独的天性，我们应该尊重，没有权利去破坏。

如果我们连家人都无法容忍，不能保持一种平和的心态，那么，我们与他人生活在一起时，也一定会发生摩擦。幸福家庭的秘密深藏于每个家庭成员的心中，他们彼此心灵相通。对孩子来说，家庭应是歇憩的场所，培养丰富的人性的土壤以及明亮无比的孩子之梦的温床；对夫妻来说，家庭是双方共同经营的葡萄园，两人一同培植葡萄，一起收获。

当真正的困难来临的时候，我们通常能够勇于面对，但是，那些小烦恼才是影响我们的元凶。它们虽小，却很烦人。它们就像小虫子，到处飞，到处咬，弄得人们心神不宁。它们阻挡住我们前行的道路，占用我们的时间，使我们大部分的时间和精力都花费在对付它们。

如果我们能够在大量的小困难面前保持心境平和，我们就一定能承受更大的考验。

生命是否丰富多彩在更大程度上取决于小事情而不是大事情，抱有这种观点的人才是聪明的。因为，只有这些细小的事物才能描绘出生活的细节。

伏尔泰曾经说："对于亚当而言，天堂是他的家；然而对于亚当的后裔而言，家是他们的天堂。"世界上没有什么地方比自己的家更舒适，它不仅是一处住所，不仅是工作之余休息的地方，更是心灵唯一的绿洲和安憩之地。能够用爱去经营维持家庭，是了不起的本事。

✳ 慎重选择方成长久夫妇

"有天地然后有万物，有万物然后有男女，有男女然后有夫妇，有夫妇然后有父子，有父子然后有君臣，有君臣然后有上下，有上下然后礼义有所错，夫妇之道不可以不久也，故受之以恒，恒者久也。"南怀瑾认为这是孔子的婚姻观。认为夫妇之道能长且久，才符合正统。由此观之，选择一段好的婚姻是十分必要的。

启蒙思想家卢梭曾说："我不仅把婚姻描写为一切结合之中最甜蜜的结合，而且还描写为一切契约之中最神圣不可侵犯的契约。"而越来越多的人却正在践踏、无视这种契约，他们把婚姻仅仅视作一种最为平常的合作关系，可以招之即来，挥之即去，就像一张彩票，即使赌输了，也可以撕毁。事实上，谁亵渎了婚姻，谁就最终亵渎了自己。

世界上有两种事情无法逆转：一堵倒向自己的墙壁和一个倒向别人怀抱的爱人。婚姻是比爱情更现实的东西，它源于爱情，又高于爱情，爱情不需要刻意地雕琢，婚姻却需要用心去经营，一旦我们经营不善，我们怀中的爱人就会一去不复返。

英国著名影星费·雯丽在演出了好莱坞历史上最经典的爱情作品《飘》之后，一夜成名，她本人与"忧郁王子——哈姆雷特"的扮演者劳伦斯之间的爱情也堪称一段惊天地、泣鬼神的爱情佳话，两个人的爱情在历经种种磨难之后终于修成正果——他们步入了婚姻的圣殿。

然而，正是这两位对爱情有着最为完美的诠释的影星，他们的婚姻却以不幸告终。他们的爱情经受了考验，婚姻却一败涂地。他们的爱情是完美的，然而正是因为他们以要求完美的爱情的眼光来要求婚姻，他们的婚姻才抵抗不了这理想的重压而轰然倒塌，这种不可承受之重终于毁灭了他们的幸福。有很多恋人在没成婚时卿卿我我，而一旦完婚却反目成仇，曾经山盟海誓的爱情被婚姻磨去了最后的光泽，两个人终于向生活妥协以分手告终。婚姻，对很多不善经营的人来说，确实是爱情的坟墓，但是，只要能用心过好你和另一半的每一天，你和爱人的感情就会在这种可贵的经营下历久弥深。

美国历史上伟大的总统林肯，受到世界的瞩目，受到美国人的爱戴。但是他却有一个糟糕的家庭，确切地说，因为有一个"母夜叉"似的妻子。

林肯的妻子似乎拥有终身对他指责、抱怨的权利，在她眼里，林肯的一切都是不对的：她认为丈夫走路难看，没有风度，脚步呆直得像个印第安人，又嫌他的脚太大，两只耳朵与他的头呈直角地竖立着，甚至说林肯的鼻子不直，嘴唇像猩猩……她不停地向他发怒、不断地挑剔，最受不了的是她发出的那尖锐高亢的噪声，隔街都能听见，经常闹得四邻不安。

她除了用声音发泄内心的莫名仇恨外，有时甚至用行动来发泄内心的愤怒，有一次她甚至在客人面前把一杯热咖啡迎头泼在林肯的脸上。林肯在外面何等风光，在家里却如此狼狈。任林肯如何劝说退让，都改变不了这刁蛮的"国母"。林肯后悔这段不幸的婚姻，每到周末，大家都归心似箭，只有林肯最怕回家，宁可躲到无人察觉的地方去小睡片刻。

年复一年，这位伟大的总统为了避开这位可憎的第一夫人，宁肯在简陋的旅店中寂寞地长居，也不愿回家听妻子的怒斥和无理的喊叫。家，应该是美妙温馨的充满吸引力的地方，但在林肯心中丧失殆尽。这位第一夫人就是这样一锄一铲地慢慢挖掘出一个"坟墓"，埋葬了爱情，毁灭了幸福，埋葬了人生——自己的还有林肯的。

与林肯的遭遇相反的是英国政治家丘吉尔，他曾经不无炫耀地说："我最显赫的成就，不是别的，而是当年我说服了克莱蒂娜与我结婚，她是我一生中唯一的女人，没有她我可能不会有任何成就。"

"成家立业"这个词很有意思，它把"成家"放在了"立业"前面，不是没有道理。先成家，我们的事业就有了后盾，我们会有一种归属感，这样才能把更多的心思花在事业上。一个良好的家庭可以给成员以温暖，可以为他的创业提供很多力量源泉；而一个很糟糕的家庭，只会让人觉得负担重重。而且家庭关系的糟糕又会影响到家人和身边的其他人。长此以往，会使得家人之间，极不和谐，甚至反目成仇。

现代社会，我们对婚姻的态度也越来越不严肃，社会上出现很多不好的东西。孔子说"夫妇之道不可以不久也。"但是很多人还是吵着闹着要离婚。为什么？选择不慎重而已。人的一生中婚姻是最重要的选择，若对则一生幸福，如错则万劫不复。如此，一念之间也。

✳ 守住手中的幸福

南怀瑾的《谈缘》一文中对爱有如下论述：爱情的哲学基本就是自私，人类的"我执"。爱情在文学境界中是幅画，这幅画是理想的，很美；但是看遍所有古今中外的爱情故事，几乎没有一个是圆满的；假使圆满了，这个故事便失去了文学趣味。等于以前我们古老的戏剧，像从前各种地方戏、京戏……唱的都是私订终身后花园，落难公子中状元，一点意思也没有。至于落难公子中了状元，两人能否共同生活一辈子，那就很难说了。（注：本段主旨源自《谈缘》）

其实现实生活中的确存在这种现象。回想当初，他（她）不也是你的最佳选择吗？若不然你又何必与他（她）结婚呢？两个人经过一段婚姻生活后，婚前的新鲜感已荡然无存，对方的缺点也暴露无遗，这时便更生出许多感叹与埋怨来：当初要不是怎么怎么着，我才不会看上你呢……

上帝拿出两个苹果，让一个幸运男子挑选。这男子权衡再三，终于下定决心，选了其中认为最满意的一个。上帝含笑赐予，他千恩万谢，接过后转身离去。突然，却反悔想调换成另一个，回过头时上帝已经不见了，他只得耿耿于怀过了一生。于是，上帝叹道："人啊，总是期待那些未到手的，而不好好珍惜手中所有，怎么可能获得幸福呢？"

上帝之言千真万确！常言道：这山望着那山高，到了那山更糟糕。人心不足蛇吞象。说的就是这个道理。其实你认为最好的也未必适合你，现实生活中这类事例比比皆是。告诉自己，自己的爱人才是当世无双最最完美的理想伴侣。只有这样，你的心理才能平衡，你的心情才能舒畅，你才能活得坦然、过得洒脱。

他们是一对有着12年婚龄的夫妻。12年前，他们还是两个刚毕业的穷学生，几乎一无所有，除了爱情。12年后，他们都在各自的领域取得了一定的成绩，当年缺少的现在几乎都拥有了，但彼此都对婚姻感觉厌烦了。终于，他们决定分手。

"你有什么要求？"他问她。

有什么要求？她看着他，想不起来还要什么。于是，她说："我们去一趟重庆吧，我们是在那儿相识的，也在那儿结束吧。"

他听了一愣，然后点点头。他们买好了车票，简单收拾好行装，踏上了他们的离婚之旅，以此来告别他们12年的婚姻生活。

上了火车，他们找到卧铺车厢。两张卧铺，一张是上铺，一张是下铺，如果是以前，他就会主动睡上铺，把下铺留给她。但是现在，他们即将不再是夫妻了，她主动提出抛硬币来决定，他同意了。结果，她输了。她拖着笨重的身子，十分艰难地爬上去，躺在狭窄、闷热的上铺，她才知道睡在下铺是多么舒适，可惜自己以前没体会到。火车到达重庆已经快中午了，他们找了一家酒店吃饭，侍者递来菜单，她点了一个"烧茄子"，他这才想起来，这是她最爱吃的一道菜，可她已经3年没吃了。因为他的胃3年前做过手术，不能吃甜食，所以，他们家就再没做过这道菜，他和她去饭店吃饭的时候，她也不再点这道菜。那一刻，他心里充满了歉疚。

在一个多星期的离婚之旅中，他们虽然吃、住、玩都在一起，但是他们是两个各自独立的人，自己选取自己喜欢吃的，玩自己喜欢玩的，晚上睡在自己的床上，不必兼顾对方，不必为对方改变自己。开始，两个人都有一种被解放的感觉，但是没几天，就开始感觉到被解放的空虚和孤单。

回程的日期到了，两个人的心里都有一种莫名的恐惧，他们不知道，这恐惧源于何方，回程，对他们意味着永远的分离，也意味着永远的自由。这曾经是他们俩共同盼望的解脱，但是，现在，在分离的前夜，他们却有些惧怕了。自由和安全，是无法同时存在的。你可以选择一个，但不能两个都要。他们默默无声地上了火车，仍然是两张卧铺票，仍然是一上一下，但是等她用颤抖的手拿出硬币时，他已经一个人爬到了上铺。她仰起头看到他的两只脚还有脚上穿的灰色袜子，那还是她给他买的。那一夜，她没有睡，他也一样。他们两个人都醒着，一个在上铺，一个在下铺，中间隔着距离，但是，他们的心却从来没有像现在这样靠得如此近。

之后发生的事，你也许已经猜到了，他们重又生活在一起，关于离婚的事，谁也没有再提。其实，幸福就在生活的点点滴滴中体现，只要你经常地去感悟自己的生活，你就会发现幸福其实就在你的手中。

生活是酸甜苦辣咸交错的五味瓶，是柴米油盐酱醋茶的交响曲，没了激情与浪漫，多了复杂与平淡，但经过生活的重要考验，你会发现，你能想到的最浪漫的事就是和爱人一起慢慢变老。既然选择了，就要把它延续下去，这是对双方的责任，也是对自己感情的责任。婚姻比爱情内涵更广阔，走入婚姻殿堂的人，应该理智地对待这份缘分。经得住考验的婚姻是真的爱情。南怀瑾说爱情是自私的，但是这份自私的爱，其实也会在慢慢的变化中，转化为对对方的责任，只要会经营，感情就能经得住考验，谁不愿意"执子之手，与子偕老"呢？

✳ 藏于笼中，不如放之穹庐

南怀瑾曾经讲"因缘"，他认为因缘，有三项内涵、四种关系。三项内涵即是善缘、恶缘、无记缘。所谓无记缘，就是不善不恶的缘。譬如我们做人几十年，有许多接触过的人，不是自己有意去找他，偶然一次，过去了也就忘了，这种"缘"属于无记缘。这么多因缘，我们应该怎么办？南怀瑾在讲到禅的时候说"万事随缘过"，我以为这恰恰是答案所在。

人世间最刻骨铭心的缘分，莫过于夫妻缘分了。我们常常发现很多夫妻，好日子还没有过长，就出现了各种问题，比如，生活习性的，态度观念的，但是走到夫妻这一步最常见的，还是双方有一方对对方管得比较严格，生活中失去了自由空间。其实这就是不懂随缘的结果。每个人都有自己的空间，在感情生活中随缘，就是不强求，用现在的话说就是要给对方以自由。

莉莎和男朋友分手了，处在情绪低落中，从他告诉她应该停止见面的一刻起，莉莎就觉得自己整个被毁了。她吃不下睡不着，工作时注意力集中不起来。人一下消瘦了许多，有些人甚至认不出莉莎来。一个月过后，莉莎还是不能接受和男朋友分手这一事实。

一天，她坐在教堂前院的椅子上，漫无边际地胡思乱想着。不知什么时候，身边来了一位老先生。他从衣袋里拿出一个小纸口袋开始喂鸽子。成群的鸽子围着他，啄食着他撒出来的面包屑，很快就飞来了上百只鸽子。他转身向莉莎打招呼，并问她喜不喜欢鸽子。莉莎耸耸肩说："不是特别喜欢。"他微笑着告诉莉莎："当我是个小男孩的时候，我们村里有一个饲养鸽子的男人。那个男人为自己拥有鸽子感到骄傲。但我实在不懂，如果他真爱鸽子，为什么把它们关进笼子，使它们不能展翅飞翔，所以我问了他。他说：'如果不把鸽子关进笼子，它们可能会飞走，离开我。'但是我还是想不通，你怎么可能一边爱鸽子，一边却把它们关在笼子里，阻止它们要飞的愿望呢？"

莉莎有一种强烈的感觉，老先生在试图通过讲故事，给她讲一个道理。虽然他并不知道莉莎当时的状态，但他讲的故事和莉莎的情况太接近了。莉莎曾经强迫男朋友回到自己身边。她总认为只要他回到自己身边，就一切都会好起来的。但那也许不是爱，只是害怕寂寞罢了。

老先生转过身去继续喂鸽子。莉莎默默地想了一会儿，然后伤心地对他说："有时候，要放弃自己心爱的人是很难的。"他点了点头，但是，他说："如果你不能给你所爱的人自由，那么你就并不是真正地爱他。"

长相厮守的意义不是用柔软的爱捆住对方，而是让他带着爱自由飞翔。要知道，爱需要自由的空间。缘分不能强求，强求则会导致缘灭。

生活中一些事情常常是物极必反的，你越是想得到他的爱，越要他时时刻刻不与你分离，他越会远离你，背弃爱情。你多大幅度地想拉他向左，他则多大幅度地向右荡去。

所以我们应该让爱人有自己的天地去做他的工作，譬如集邮，或是其他任何爱好。在你看起来，他的嗜好也许傻里傻气，但是你千万不可嫉妒它，也不要因为你不能领会这些事情的迷人之处就厌恶它。你应该适时地迁就他。

爱人有了特殊的嗜好以后，我们还必须给他另外一个好处：有些时候要让他独自去做他喜爱的事，使他觉得拥有真正属于自己的东西。毫无疑问，爱人时常需要从捆在他脖子上的爱的锁链里挣脱出来。如果我们能够帮助并支持他们，去培养一些有趣的嗜好——并且给他们合理的机会享受完全的自由——那么我们就是在做一些使他们快乐的事了。

我们应当自信，真正的爱是可以超越时间、空间的。因此，作为婚姻的双方，在魅力的法则上，请留给彼此一个距离，这距离不仅包含空间的尺度，同样包含心灵的尺度。

留下你自己独特的性格，不要与他如影随形；留下你自己内心的隐私，不要让他感到你是曝光后苍白的底片；留下你一份意味深长与朦胧的神秘……不要试图挽留他离去的脚步，不要幻想他的目光永远专注于你，一切都应是自然形成，在你们之间留下一段距离，让彼此能够自由呼吸。

这难道不是爱的真谛吗？爱，但是保持距离。人的心理诉求，确实是很复杂的。南怀瑾说爱是自私的，可以说也有一定的道理。当你说爱是为了对方的时候，这个举动难道不是为了自己而做出的吗？因为为了对方会让你开心，于是你才去爱别人，总的来说是源于自己的心理诉求，但是爱情难道不是无私的吗？当我们为对方做事情的时候，也确实没有求回报，只要为对方做事就很开心。人总是要有一定的心理空间的，爱情的距离不能太近了。当侵犯了那个底线时，曾经再好的恋人也可能会反目。因此说爱必须给对方以自由。这是两人感情长久的前提。

世间诸事都逃不脱"因缘"二字，有很多事情强求反而什么都得不到，因为你所要的，上天并没有给你安排，而你对本来属于你的，又视而不见。人的可悲就在于斯。夫妻之爱，是缘。这种缘尤其需要珍惜。珍惜缘分就是随缘，爱情或婚姻中太多的羁绊会破坏这段缘分的。